"十四五"职业教育国家规划教材

"十三五"职业院校机械类专业新形态系列教材

钳工技能训练项目教程

陈冲锋　张平栋　主　编

机械工业出版社

本书是立体化、配套齐全的教材，读者可以通过扫描其中的"二维码"，观看相应的操作视频和拓展内容。本书以培养钳工操作技能的应用型人才为目标，以《国家职业技能标准　钳工》（中级）为基本依据，融入钳工技能竞赛技能考核相关要素，讲述了钳工基本知识、钳工基本操作技能、钳工综合操作技能训练、职业技能鉴定钳工中级试卷分析、钳工技能训练题库等内容，突出了中等职业教育"教学做合一"的教学新模式。

　　本书可作为中等职业学校机械类专业教材，也可作为培训机构和企业的培训教材，以及相关技术人员的参考用书。

图书在版编目（CIP）数据

钳工技能训练项目教程 / 陈冲锋，张平栋主编 . —北京：机械工业出版社，2021.6（2025.1 重印）
"十三五"职业院校机械类专业新形态系列教材
ISBN 978-7-111-68380-3

Ⅰ . ①钳… 　Ⅱ . ①陈…②张… 　Ⅲ . ①钳工—职业教育—教材
Ⅳ . ① TG9

中国版本图书馆 CIP 数据核字（2021）第 106914 号

机械工业出版社（北京市百万庄大街 22 号　邮政编码 100037）
策划编辑：王晓洁　　责任编辑：王晓洁
责任校对：张　薇　　责任印制：常天培
北京铭成印刷有限公司印刷
2025 年 1 月第 1 版第 9 次印刷
184mm × 260mm · 7.75 印张 · 183 千字
标准书号：ISBN 978-7-111-68380-3
定价：35.00 元

电话服务　　　　　　　网络服务
客服电话：010-88361066　机　工　官　网：www.cmpbook.com
　　　　　010-88379833　机　工　官　博：weibo.com/cmp1952
　　　　　010-68326294　金　书　网：www.golden-book.com
封底无防伪标均为盗版　机工教育服务网：www.cmpedu.com

关于"十四五"职业教育国家规划教材的出版说明

为贯彻落实《中共中央关于认真学习宣传贯彻党的二十大精神的决定》《习近平新时代中国特色社会主义思想进课程教材指南》《职业院校教材管理办法》等文件精神，机械工业出版社与教材编写团队一道，认真执行思政内容进教材、进课堂、进头脑要求，尊重教育规律，遵循学科特点，对教材内容进行了更新，着力落实以下要求：

1. 提升教材铸魂育人功能，培育、践行社会主义核心价值观，教育引导学生树立共产主义远大理想和中国特色社会主义共同理想，坚定"四个自信"，厚植爱国主义情怀，把爱国情、强国志、报国行自觉融入建设社会主义现代化强国、实现中华民族伟大复兴的奋斗之中。同时，弘扬中华优秀传统文化，深入开展宪法法治教育。

2. 注重科学思维方法训练和科学伦理教育，培养学生探索未知、追求真理、勇攀科学高峰的责任感和使命感；强化学生工程伦理教育，培养学生精益求精的大国工匠精神，激发学生科技报国的家国情怀和使命担当。加快构建中国特色哲学社会科学学科体系、学术体系、话语体系。帮助学生了解相关专业和行业领域的国家战略、法律法规和相关政策，引导学生深入社会实践、关注现实问题，培育学生经世济民、诚信服务、德法兼修的职业素养。

3. 教育引导学生深刻理解并自觉实践各行业的职业精神、职业规范，增强职业责任感，培养遵纪守法、爱岗敬业、无私奉献、诚实守信、公道办事、开拓创新的职业品格和行为习惯。

在此基础上，及时更新教材知识内容，体现产业发展的新技术、新工艺、新规范、新标准。加强教材数字化建设，丰富配套资源，形成可听、可视、可练、可互动的融媒体教材。

教材建设需要各方的共同努力，也欢迎相关教材使用院校的师生及时反馈意见和建议，我们将认真组织力量进行研究，在后续重印及再版时吸纳改进，不断推动高质量教材出版。

机械工业出版社

前　　言

《国务院关于印发国家职业教育改革实施方案的通知》要求，经过 5~10 年的时间，职业教育基本完成由政府举办为主向政府统筹管理、社会多元办学的格局转变，由追求规模扩张向提高质量转变，由参照普通教育办学模式向企业社会参与、专业特色鲜明的类型教育转变，大幅提升新时代职业教育现代化水平，为促进经济社会发展和提高国家竞争力提供优质人才资源支撑。从 2019 年开始，我国在职业院校、应用型本科高校启动"学历证书＋若干职业技能等级证书"制度试点（"1+X"证书制度试点）工作。

本书以培养钳工操作技能的应用型人才为目标，以《国家职业技能标准　钳工》（中级）为基本依据，融入钳工技能竞赛技能考核相关要素，介绍了钳工基本知识、钳工基本操作技能、钳工综合操作技能训练、职业技能鉴定钳工中级试卷分析、钳工技能训练题库等内容。本书本着实用够用、节约材料的原则，在设计任务时将知识点在上一任务基础上递加，使用上一任务的完成件作为下一任务的毛坯件，不仅能够达到学习者学习知识的目的，而且大大节约了培训耗材。

本书内容讲解细致全面，对钳工实际工作具有指导性意义。在结构上，从职业学校学生基础能力出发，遵循专业理论的学习规律和技能的形成规律，根据钳工训练特点划分项目教学模块，按照由简到难的顺序，设计一系列典型案例，使学生在项目引领下学习钳工相关理论和技能，避免理论教学与实践相脱节。在形式上，通过任务（项目）目标、任务描述、知识链接、知识拓展、技能准备、技能训练、任务分析、任务实施、任务评价等形式，引导学生明确各项目的学习目标，学习与项目相关的知识和技能，并适当拓展相关知识，强调在操作过程中应注意的问题，及时总结与反馈。

为了使学生更加便捷地进行学习，充分利用数字化资源，满足各类教学需求，本书配备了相应的 PPT 课件，可在机工教材服务网（http:www.cmpedu.com）下载。

本书将思政教育贯穿于技能人才培养的全过程，更好地激发学生的爱国主义精神、工匠精神和劳模精神，在教材中融入了大国工匠的事迹。

本书由芜湖机械工程学校陈冲锋（安徽省江淮工匠、技能大师）、安徽芜湖技师学院张平栋任主编，全书由陈冲锋统稿。其他参与编写的人员有：安徽天航机电有限公司陈卫林（全国技能大师），安徽拓宝增材制造科技有限公司工程师王亮，广西工业职业技术学院黄斌斌，安徽金寨技师学院卫紫娟，宣城市机械电子工程学校钟勇，宣城市工业学校续健，安徽省徽州学校张犇，芜湖机械工程学校陈孝和、李鹏、汤永璐、魏安枝、张时碧、童家凤、蒋自文、王晶、林来宝。

本书在编写过程中得到芜湖机械工程学校、安徽芜湖市技师学院相关领导和老师的大力支持与帮助，在此向他们表示衷心的感谢。由于时间仓促，以及编者水平有限，书中难免存在不当和错误之处，敬请广大读者谅解，并真诚欢迎读者批评指正。

编　者

目　　录

项目1 钳工基础知识

钳工大多是用手工工具在台虎钳、钻床、铣床等设备上进行手动、机械操作的一个工种。钳工的主要任务是加工零件、装配工件、维修设备、制造和维修工具和量具。钳工主要分为两类：机修钳工和装配钳工。

项目目标

1. 认识钳工设备。
2. 掌握台虎钳的拆装方法。
3. 了解钳工安全操作规程及职业规范。

大国工匠——
"两丝"钳工
顾秋亮

任务1 钳工常用设备的使用

任务目标

1. 了解钳工常用设备的种类。
2. 了解钳工常用设备的结构、安装方法与维护方法。

知识链接

● 钳工常用设备简介

一、钳工工作台

1.结构性能

钳工工作台用硬质木材或者钢材制成，用来安装台虎钳，放置工具、量具和工件等。其高度为800~900mm，装上台虎钳后一般以钳工高度恰好与人手肘平齐为宜，如图1-1所示。钳工工作台长度和宽度可根据不同需求定制。

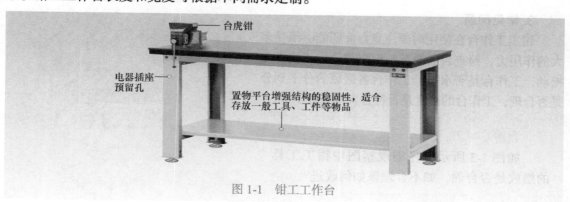

图1-1　钳工工作台

1

阅读与思考：

如图 1-2 所示，看一看，除了上述钳工工作台，还有哪些样式的钳工桌，并说说它们的不同。

a) 带防护钳工工作台　　b) 六边形钳工工作台　　c) 防静电钳工工作台

图 1-2　钳工工作台样式

2. 操作要领

在使用过程中要注意钳工工作台的摆放位置，一般要求必须紧靠墙壁，人站在一面工作，对面不准有人。如果未能紧靠墙壁，且对面有人操作，中间必须加装铁丝防护网，确保对面操作人员的安全。

训练与思考：

看一看你所在实习车间钳工工作台的样式，并回答以下问题。

序号	问题	结果
1	钳工工作台体是什么材质的？钳工工作台台面是什么材质的？	
2	钳工工作台有无安装防护网？	
3	钳工工作台的高度是多少？	

3. 常见问题

钳工工作台在使用时要注意台面所能够承受多大的作用力，检查台面及其与地脚部分的连接有无松动，工作台是否水平，工作台各区域的分工划分是否合理，工作台的高度是否符合人机工程学等。

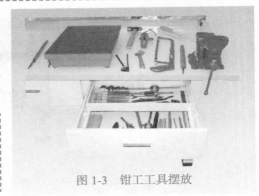

训练与思考：

如图 1-3 所示，仔细观察图中钳工工具的摆放是否合理，如不合理该如何改进？

图 1-3　钳工工具摆放

4. 操作规范

1）钳工工作台上的杂物要及时清理，工具和工件要放在指定地方。

2）对面有人工作时，中间必须设置密度适当的安全网。

3）钳工工作台上所使用的照明电压应为 36V 及以下的安全电压。

4）使用钳工工作台之前必须检查所用钳工工具是否完好。

> 训练与思考：
>
> 为什么对钳工工作台所使用的电源电压要求用 36V 以下电源？如果不是会带来哪些危害？

二、台虎钳

台虎钳是用来夹持工件的通用夹具，它有固定式和转盘式两种，如图 1-4 所示。台虎钳装置在工作台上，用来夹稳加工工件，是钳工车间的必备工具。转盘式台虎钳的钳体可旋转，可使工件旋转到合适的工作位置。

图 1-4　台虎钳

1. 结构性能

台虎钳由钳体、底座、螺杆、螺母、钳口铁等组成，如图 1-5 所示。活动钳口通过导轨与固定钳口的导轨进行滑动配合。螺杆装在活动钳体上，可以旋转，但不能轴向移动，并与安装在固定钳体内的螺杆螺母配合。转动拨杆使螺杆旋转，就可以带动活动钳体相对于固定钳身作轴向移动，起夹紧或放松的作用。弹簧借助挡圈和开口销固定在螺杆上，其作用是当放松螺杆时，可使活动钳体及时地退出。在固定钳体和活动钳体上，各装有钳口铁，并用螺钉固定。钳口铁的工作面上制有交叉的网纹，使工件夹紧后不易产生滑动。钳口铁经过热处理淬硬，具有较好的耐磨性。固定钳体装在底座上，并能绕转座轴线转动，当转到要求的方向时，扳动夹紧手柄使夹紧螺钉旋紧，便可在夹紧盘的作用下把固定钳体固定紧。底座上有螺栓孔，用以与钳台固定。

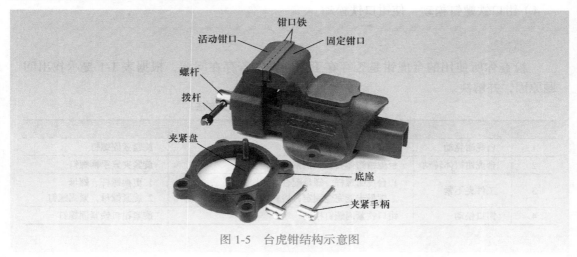

图 1-5　台虎钳结构示意图

阅读与思考:

看一看,除了上述结构的台虎钳,还有哪些样式的台虎钳,如图1-6所示,说说它们的不同。

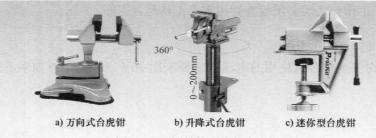

a) 万向式台虎钳　　　　b) 升降式台虎钳　　　　c) 迷你型台虎钳

图 1-6　不同结构形式的台虎钳

2. 操作要领

1)夹紧工件时要松紧适当,只能用手扳紧拨杆,不得借助其他工具加力。

2)强力作业时,应尽量使力朝向固定钳体。

3)不许在活动钳体和光滑平面上进行敲击操作。

4)对螺杆、螺母等活动表面应经常清洗、润滑,以防生锈。

训练与思考:

1. 台虎钳夹紧工件时为什么只能用手扳紧拨杆?若使用其他工具施加压力会产生什么后果?

2. 钳工实施敲击操作时,应在什么位置进行?为什么强力作业时不能使受力方向朝向活动钳体。

3. 常见问题

1)固定钳体螺钉松动,台虎钳晃动。

2)台虎钳夹紧手柄夹紧不牢固,固定钳体易转动。

3)螺杆长时间使用间隙增大,工件夹不紧。

4)钳口铁螺钉松动,使钳口铁松动。

训练与思考:

检查你所使用的台虎钳是否存在下列问题,若存在问题,根据表1-1提示找出问题原因,并解决。

表 1-1　台虎钳常见故障及解决方法

序号	故障现象	故障原因	解决方法
1	台虎钳晃动	固定台虎钳的螺钉松动	旋紧紧固螺钉
2	台虎钳钳体转动	台虎钳钳体夹紧手柄未夹紧	旋紧夹紧手柄螺钉
3	工件夹不紧	1.台虎钳螺杆、螺母配合间隙增大 2.螺母未能完全固定,检查固定螺钉是否松脱	1.更换螺杆、螺母 2.旋紧螺母,紧固螺钉
4	钳口松动	钳口铁紧固螺钉松动	旋紧钳口铁紧固螺钉

4. 操作规范

1）工作前穿戴好劳动保护用品。

2）使用前应检查台虎钳各部位。

3）工作中应注意周围人员及自身安全，防止切屑飞溅伤人。

4）台虎钳必须牢固地固定在钳台上，使用前或使用过程中调整角度后应检查锁紧螺栓、螺母是否锁紧，工作时应保证钳体无松动。

5）使用台虎钳夹工件时要牢固、平稳，装夹小工件时须防止钳口铁夹伤手指，夹重工件时必须用支柱或铁片垫稳，人要站在安全位置。

6）所夹工件不得超过钳口铁最大行程的2/3，夹紧工件时只能用手的力量扳紧拨杆，而不允许用锤击或套上长管的方法扳紧拨杆以防螺杆、螺母或钳体受损。

7）在进行强力作业时应使力量朝向固定钳体，防止增加螺杆和螺母受力以致螺母损坏。

8）锉削时，工件的表面应高于钳口铁面，不得将钳口铁面作为基准面来加工平面，以免锉刀磨损和台虎钳损坏。

9）松、紧台虎钳时应扶住工件，防止工件跌落伤物、伤人，螺杆螺母和其他活动表面应加油润滑和防锈。

10）工作结束后清理台虎钳台体及周边卫生，尤其是工件和切屑等。

> 训练与思考：
> 钳工日常作业中，对台虎钳的保养工作应做到哪些？

三、砂轮机

1. 结构性能

砂轮机是用来刃磨各种刀具、工具的常用设备，主要由底座、砂轮、电动机或其他动力源、工件托架、防护罩和给水器等组成，如图1-7所示。

图1-7 砂轮机

> 阅读与思考：
> 除了上述砂轮机外，还有其他几种常见类型的砂轮机，如图1-8所示，观察它们的不同之处。

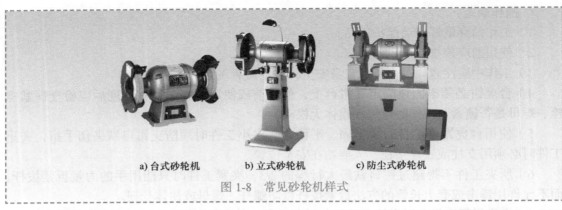

a) 台式砂轮机   b) 立式砂轮机   c) 防尘式砂轮机

图 1-8　常见砂轮机样式

　　使用砂轮磨削时，应根据磨削工件材料的材质，选择不同种类的砂轮进行磨削。常见砂轮的结构及应用见表 1-2。刃磨工件或刀具时，应根据被加工材料选择合适的砂轮。

表 1-2　常见砂轮的结构及应用

磨料	代号	颜色	磨料特征	应用范围	图片
棕刚玉	A/A	棕褐	韧性大，磨削性能适合于较重负荷，价格低，应用广	碳素钢、合金钢、可锻铸铁、硬青铜的普通磨削、切断	
白刚玉	WA/38A	白	纯度高，破碎性好，切削刃锐利，切削力较强	合金钢、高速钢、淬火钢等	
铬刚玉	PA/25A	玫瑰红	韧性较大，切削刃锐利，棱角保持性好，光洁度高	合金钢、工具钢	
黑碳化硅	C/37C	黑	硬度高，韧性小，切削刃锐利，导热性好	铸铁、有色金属、非金属材料的磨削、切断	
单晶刚玉	SA/32A	灰白	切削刃硬度高，韧性高，切削力强	高钒高速钢、不锈钢、高速钢、钛合金等高硬度、高强度材料的磨削	

2. 操作要领

1）检查砂轮机安全防护罩是否完整，砂轮是否破损，砂轮外圆是否平整，工作座与砂轮面的间距是否合适。

2）人站在砂轮侧面，按下起停开关，待砂轮运转正常，检查砂轮外圆面，应无跳动。

3）摆正工件或坯料的角度，轻、稳地靠在砂轮外圆上，沿着砂轮外圆在全宽上移动，施加压力不要过大。

4）磨削完毕，关闭电源，清理砂轮机。

> 训练与思考：
>
> 砂轮机工作时，为了安全，要求操作人员站在砂轮机的侧面进行操作，严禁站在砂轮机正面进行作业，为什么？

3. 常见问题

1）砂轮旋转方向错误，应使磨屑向下方飞离砂轮。

2）砂轮工件托架与砂轮正面之间的距离不合理，应及时调整。

3）砂轮表面不平整，应及时用砂轮修整器对砂轮面进行修整。

4）砂轮机起动后有异响，应立即停止砂轮机运转，检查砂轮有无破损或裂纹，及时处理。

> 训练与思考：
>
> 1. 砂轮机作业时，为什么应使砂轮朝一个方向旋转，不能反转？
>
> 2. 砂轮机工作时，砂轮外圆面跳动幅度较大会带来哪些危害？
>
> 3. 砂轮工件托架的作用是什么？为什么要调整其与砂轮正面之间的距离？

4. 操作规范

（1）使用前的准备

1）使用前应检查砂轮是否完好（不应有裂痕、裂纹或伤残），砂轮轴是否安装牢固、可靠。

2）使用者要戴防护镜，不得正对砂轮，而应站在侧面。使用砂轮机时，不准戴手套，严禁使用棉纱等物包裹刀具进行磨削。

（2）使用中应注意

1）砂轮旋向必须要正确，使磨屑向下方飞离砂轮。

2）开动砂轮时必须空转 40~60s 待转速稳定后方可磨削。

3）磨削时，操作者应站在砂轮的侧面或斜侧面，不要站在砂轮正前方。

4）磨削过程中，不要对砂轮施加过大压力，防止工件或刀具对砂轮发生激烈的碰撞，损坏砂轮。

5）应使砂轮工件托架与砂轮之间保持合适的距离，一般应保持在 3mm 以内，防止磨削时工件或刀具扎入造成事故。

6）不得使用单手持工件进行磨削，防止脱落在防护罩内卡破砂轮。

四、台式钻床

台式钻床简称台钻，体积小巧，操作简便，通常安装在专用工作台上使用，是一种小型孔加工机床。台式钻床钻孔直径一般在 13mm 以下，一般不超过 25mm。其主轴变速一般通过改变传动带在塔轮上的位置来实现，主轴进给靠手动操作。

1. 结构性能

台式钻床结构如图 1-9 所示。由电动机提供动力，通过塔轮，经过变速传递给主轴，主轴最外面的是不会旋转只会直线运动的套筒，上面由齿条结构和齿轮配合组成纵向进给机构，主轴装在这个套筒里面，主轴能自由在套筒里面旋转，但套筒上下移动会带动主轴上下移动，最里面的是一个比较长的滑移花键，主轴能在花键上自由上下移动，但要和花键一起旋转，花键的上端固定了一个空心塔轮，钻头的动力就是从这里传进去并通过花键传递给主轴。

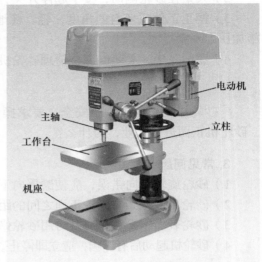

图 1-9　台式钻床结构

> 阅读与思考：
>
> 　　钻孔刀具与钻床的连接：使用台钻进行钻孔加工时，钻孔刀具与钻床的连接主要依靠钻夹头完成，下面一起来认识钻夹头。

钻夹头主要用于装夹直柄类孔加工刀具，如麻花钻、铰刀等刀具，具有装夹精度高，夹紧力较大，操作方便等优点。其结构形状如图 1-10 所示。

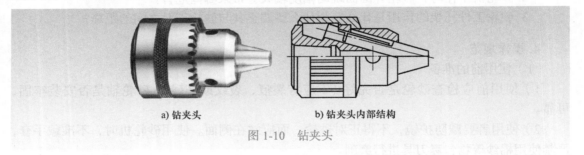

a) 钻夹头　　　　　　　　　b) 钻夹头内部结构

图 1-10　钻夹头

常用钻夹头按其与钻床连接方式，分为螺纹连接式和锥度连接式两种，如图 1-11 所示，机械制造中常采用锥度连接方式。

钻夹头与钻床主轴的连接主要使用锥度连接杆连接，如图 1-12 所示。

图 1-11　钻夹头连接孔种类　　　　　　图 1-12　锥度连接杆

想一想：

为什么机械结构中常采用锥度连接？锥度连接有什么特点？你在学习中还见过哪些机械结构中采用锥度连接？

2. 操作要领

1）开机前先检查电源插头，插座上的各触角应可靠，无松动和接触不良现象；检查台钻扳手及电器开关是否灵敏，转动部分是否润滑良好。

1-1　钻头的安装及钻孔

2）机器工作前必须锁紧应该锁紧的手柄，工件应夹紧可靠。

3）钻削脆性金属材料时，应戴防护眼镜，以防切屑伤人。

4）装夹具或拆卸夹具时应使用专用的锁紧钥匙，严禁用各种金属硬物直接打击夹具齿轮，防止打坏设备或碎屑伤人。

5）钻孔时，进给压力不可过大，发现钻头不锋利、工件松动或传动带打滑时，要立即停机，待主轴停止转动后进行修理、调整和更换，确保恢复正常后再开始工作。

6）钻孔中，严禁用棉纱擦拭切屑或用嘴吹切屑，更不能用手直接消除切屑，应该用刷子或铁钩清理。

7）钻孔时，切屑过长要及时清理，以防伤人。

8）钻通孔时，钻头接近孔底时压力一定要小，防止因压力过大而突然钻通，损坏钻头及工件。

9）钻孔时，头部不要离台钻太近，要保持合适的距离。

工作完毕后，必须切断电源并将台钻及四周打扫干净。钻床使用完毕后，必须切断电源并将外露滑动面及工作台擦净，并对各润滑面及各润滑点加注润滑油。

3. 常见问题

1）台钻工作时，必须使主轴旋转方向正确，否则无法完成钻孔。

2）钻孔工作时主轴打滑，主要是因为钻床主轴传动带未张紧导致，需调整传动带的张紧度。

3）装夹钻头时应使用专用锁紧钥匙将钻头夹紧，以防钻孔工作时钻头打滑。

4）台钻用完后，必须将机床外露滑动面及工作台面擦净，并在各滑动面及各润滑点加注润滑油。

4. 操作规范

1）工作前要对钻床和工具、夹具进行全面检查，确认无误后方可操作。

2）工件装夹必须牢固可靠。钻削小工件时，应用工具夹持，不准用手拿着钻。工作中严禁戴手套，女生操作时应戴工作帽。

3）手动进给时，逐渐增加压力或逐渐减小压力，以免用力过猛造成事故。

4）调整钻床速度、行程、装夹工具和工件时，以及擦拭钻床时要停机进行。

5）钻头上缠有长切屑时，要停机清理，用刷子或铁钩清除，严禁用手拉。

6）操作人员因事要离开岗位时必须先关机，杜绝在操作中与人攀谈。

五、立式钻床

1. 结构性能

立式钻床简称立钻。立式钻床是指主轴竖直布置且中心位置固定的钻床，主要适用于机械制造和维修时的单件、小批量生产，对中小型零件进行钻孔、扩孔、铰孔、锪孔及攻螺纹等加工，如图 1-13 所示。

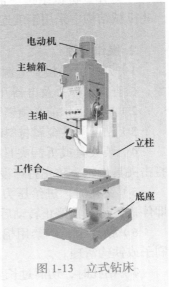

图 1-13　立式钻床

阅读与思考：

锥柄麻花钻与钻床主轴的连接：通常在立式钻床和摇臂钻床上，钻孔加工刀具除了直柄刀具采用钻夹头装夹外，还将部分钻孔刀具柄部制成锥柄结构，其与机床主轴的连接直接使用锥度配合，如图 1-14 所示，其锥度常采用莫氏锥度。

莫氏锥度有对应的国际标准，用于静配合以精确定位。由于其锥度很小，利用摩擦力的原理，可以传递一定的转矩，又因为是锥度配合，所以可以方便地拆卸。在同一锥度的一定范围内，工件可以自由拆装，同时在工作时又不会影响到使用效果，比如钻孔的锥柄钻，如果使用中需要拆卸钻头磨削，则在拆卸后重新装上不会影响钻头的中心位置。在孔加工刀具中，常将直径 ≥ 13mm 的刀具柄部做成莫氏锥度。

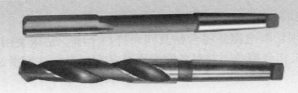

图 1-14　锥柄类孔加工刀具

想一想：

在孔加工刀具中为什么常将直径 ≥ 13mm 的刀具柄部做成莫氏锥度结构，而直径 <13mm 的刀具柄部做成直柄结构？

2. 操作要领

1）选取一台立式钻床。

2）工件找正、定位、夹紧。

3）选取适合的钻头、钻夹头，安装并夹紧。

4）扳动主轴箱左侧两个主轴变速手柄，对照主轴转速标牌，选取所需主轴转速。

5）扳动进给箱左侧两个进给变速手柄，对照进给量标牌，选取所需的进给量。

6）选定机动进给方式，将进给手柄座处的端盖向外拉出。

7）扳动钻床左侧的电动机起动手柄。手柄在中间位置为空档，向下为主轴正转，向上为主轴反转。

8）主轴自动进给，至钻孔深度。

9）向里推回手柄座处的端盖，退回主轴，钻孔结束，关闭电动机。

10）卸下工件，整理设备，清理现场。

3. 常见问题

1）钻床起动后主轴未旋转，应调整主轴变速手柄的位置，使主轴箱内的滑移齿轮正常啮合。

2）使用手动进给时，应将控制螺母向内推；若使用机动进给，则应将控制螺母向外拔。

4. 操作规范

1）开机前，必须按照巡回检查点仔细进行检查，并按润滑图表进行润滑。

2）停机 8h 以上再开动设备时，应先低速转动 3~5min，确认运转正常后，再开始工作。

3）工作中必须正确安装工具，钻套要符合标准，锥面必须清洁无滑痕。

4）工件必须正确牢固地装夹在工作台上，钻透孔时必须在底面垫上垫块。

5）工作中不采用机动进给时，必须将控制螺母向里推。

6）卸钻卡具时应用标准斜铁和用铜锤轻轻敲打，不准用其他东西乱打。

7）机床变速必须停机进行。设备开动后操作者不得离开或托人代管。

8）工作中必须经常检查设备运转情况及润滑系统情况，当运转和润滑不良时，应停止使用设备。

9）工作中严禁戴手套。

10）非电工不准打开电器箱门。

11）工作后须将手柄置于非工作位置，工作台降到最低位置，并切断电源。

六、摇臂钻床

1. 结构性能

摇臂钻床主要由底座、立柱、摇臂、主轴箱、主轴、工作台等组成。摇臂钻床工作时，摇臂可绕立柱旋转，主轴箱可沿摇臂径向移动。这样可使钻头对准每一个被加工孔的轴线，以便进行孔加工，使用较灵活。一般工件钻孔时，常将工件装夹在工作台上。大型工件加工时，可将工件装夹在钻床底座上。根据工件高度的不同，在松开锁紧装置后，摇臂可沿立柱上、下移动，使主轴箱及钻头处于适当的高度位置，如图 1-15 所示。

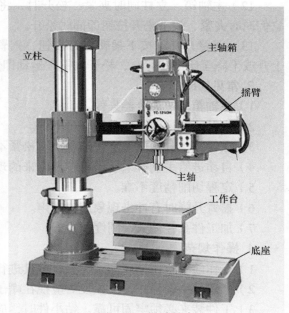

图 1-15 摇臂钻床

2. 操作要领

1）在开动机床之前将总电源打开。

2）主轴的起动。按下主电动机起动按钮，使主电动机旋转，此时将主轴变速（正反转及空档）手柄转至正转或反转位置，主轴即顺时针或逆时针方向转动。

3）主轴空档。将主轴变速（正反转及空档）手柄向上抬至空档位置后，可轻便地转动主轴。

4）转动预选旋钮，使其上所需的转速及进给量的数值对准上部的箭头。转动在机床切削过程中也可进行，预选旋钮有三级高转速及三级大进给量，因有互锁，不能同时选用。

5）将主轴变速（正反转及空档）手柄向下压至变速位置，主轴开始转动后，即可松手。这里，主轴变速（正反转及空档）手柄自动复位，转速及进给量均已变换完毕。

6）机动进给。将接通、断开机动进给手柄下压至极限位置，再将主轴移动手柄向外拉出，机动进给已被接通。若主轴正转，则主轴向下进给；若主轴反转，则主轴向上进给。若需切断机动进给，将接通、断开机动进给手柄抬起即可。

7）手动进给。将主轴移动手柄向里推进，顺时针或逆时针方向转动主轴移动手柄即可带主轴向上或向下进给。攻螺纹操作与手动进给相同。

8）微动进给。将接通、断开机动进给手柄向上抬至水平位置，再将主轴移动手柄向外拉出，转动微动进给手轮，即可微动进给。

9）定程切削。将定程切削限位手柄拉出，转动刻度盘微调手柄，使刻度盘上的蜗轮蜗杆脱开啮合，可转动刻度盘至所需切削深度值与箱体上的副尺"0"线大致对齐，再将刻度盘微调手柄转动180°，此时刻度盘上的蜗轮蜗杆已经啮合，进行微调，直至与"0"线准确对齐。推进定程切削限位手柄，接通机动进给，当钻孔深度达到所需值时，接通、断开机动进给手柄自动抬起，断开机动进给，完成定程切削。

10）主轴箱需单独夹紧、松开时，将选择旋钮旋向左面位置，按下夹紧按钮主轴箱即夹紧，按下松开按钮主轴箱即松开。

11）立柱需单独夹紧、松开时，将选择旋钮旋向右面位置，按下夹紧按钮立柱即夹紧，按下松开按钮立柱即松开。

12）主轴箱、立柱同时夹紧、松开时，将选择旋钮旋向中间位置，按下夹紧按钮就使它们同时夹紧，按下松开按钮即同时松开。

13）摇臂升降。按下摇臂上升按钮，摇臂即上升，按下摇臂下降按钮，摇臂即下降，上升或下降至所需位置时，松开按钮，运动即停止，摇臂自动夹紧在立柱上。

3. 常见问题

1）主轴箱摩擦离合器失效。

2）主轴箱在摇臂上移动时轻重不均。

3）主轴在主轴箱内上下快速移动时松紧不均。

4）自动进给手柄推入后出现拉不出来的现象。

5）定程切削精度不准。

6）摇臂升降时有冲击现象或啸叫声。

7）加工件孔径偏大、圆度超差。

4. 操作规范

1）工作前对所用钻床和工、夹、量具进行全面检查，确认无误时方可工作。

2）严禁戴手套操作，女生发辫应挽在帽子内。

3）工件装夹必须牢固可靠。钻小件时，应用工具夹持，不准用手拿着钻。

4）使用自动进给时，要选好进给速度，调整好行程限位块。手动进给时，一般按照逐渐增压和逐渐减压原则进行，以免用力过猛造成事故。

5）调整钻床速度、行程，装夹工具和工件，以及擦拭机床时，要停机。

6）钻头上绕有长切屑时，要停机清除。禁止用风吹、用手拉，要用刷子或铁钩清除。

7）精铰深孔时，拔取圆器和销棒不可用力过猛，以免手撞在刀具上。

8）不准在旋转的刀具下翻转、卡压或测量工件。手不准触摸旋转的刀具。

9）使用摇臂钻床时，横臂回转范围内不准有障碍物。工作前，横臂必须夹紧。

10）横臂和工作台上不准存放物品，被加工件必须按规定夹紧，以防工件移位造成重大人身伤害事故和设备事故。

11）工作结束时，将横臂降到最低位置，主轴箱靠近立柱，并且都要夹紧。

技能训练

● 钳工常用设备操作

活动一：观摩教师使用台虎钳的方法，领会操作要领，熟记台虎钳的使用方法。

活动二：观摩教师操作砂轮机的过程，领会操作要领，熟记砂轮机的操作步骤。

活动三：观摩教师操作台式钻床的过程，领会操作要领，熟记台式钻床的操作步骤。

任务2 钳工常用量具的使用

任务目标

1. 认识钳工常用量具。

2. 掌握常用量具的使用方法。

知识链接

● 钳工常用量具简介

一、金属直尺

1. 基本形状

金属直尺是测量长度的一种量具，由尺身、标尺标记、悬挂孔组成，它的标称长度有150mm、300mm、500mm、600mm、1000mm、1500mm和2000mm七种，如图1-16所示。

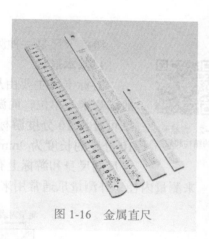

图1-16　金属直尺

2. 使用方法

1）根据工件的实际尺寸，选择满足测量要求的规格和示值精度，见表1-3。

表1-3　金属直尺的示值误差

（单位：mm）

标称长度	150、300、500	600、1000	1500	2000
示值误差	±0.15	±0.20	±0.25	±0.30

2）擦净尺身和测量端面。

3）测量时，将金属直尺拿稳、端平，紧贴工件被测量面，刻度面朝上垂直面对准测量者的眼睛。读数时，应使眼睛视线与金属直尺刻度面垂直，不能倾斜，否则读出数据不准确。

3. 使用保养注意事项

1）使用后，擦净金属直尺尺身上的油污、灰尘、杂质。

2）将大尺寸规格（≥500mm）的金属直尺悬挂于专用钉上，使之自然垂直悬挂，或者平放于平板、平台或平直的柜内，防止变形弯曲而影响测量精度或无法使用而报废，如图1-17所示。

图 1-17　金属直尺悬挂存放

3）定置平放或垂直悬挂，防尘、防锈，涂上防锈油。

4）严格按计量器具周期检定计划送检，检定合格后才能使用。

4. 技能操作

根据表 1-4 所示，选择合适量程的量具，测量对应尺寸数值，并记录测量值。

表 1-4　金属直尺测量练习

测量对象	钳工教材的长度与宽度	金属直尺的宽度（150mm）	台虎钳钳口的宽度	钳工桌的高度	锉刀的长度（10in）
量程选择					
尺寸值 /mm					

注：1in=0.0254m。

二、游标卡尺

游标卡尺是一种测量长度、内外径、深度的量具。

1. 基本形状

游标卡尺主要由尺身和尺身上的游标两部分构成，如图 1-18 所示。尺身一般以毫米为单位，而游标上则有 10、20 或 50 个分格，根据分格的不同，游标卡尺可分为 10 分度游标卡尺、20 分度游标卡尺、50 分度格游标卡尺等，游标为10 分度的长度为 9mm，20 分度的长度为 19mm，50 分度的长度为 49mm。游标卡尺的尺身和游标上有两副量爪，分别是内测量爪和外测量爪，内测量爪通常用来测量内径，外测量爪通常用来测量长度和外径。

1-2　游标卡尺的结构和规格

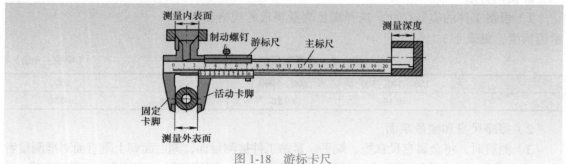

图 1-18　游标卡尺

2. 使用方法

（1）测量外径　测量外径尺寸时，先调整两个外测量爪之间的距离到大于被测尺寸，放入被测零件后再轻推尺框，在两个测量爪接触到测量面后，推动尺框的拇指稍稍用力，同时轻轻摆动卡尺找到最小尺寸点，再读取数值，如图1-19所示。

（2）测量内径　测量内径尺寸时，先调整两个内测量爪之间的距离到小于被测尺寸，放入被测零件后再轻拉尺框，在两个测量爪接触到测量面后，拇指稍稍用力拉动尺框，同时轻轻摆动卡尺找到最小尺寸点，再读取数值，如图1-20所示。

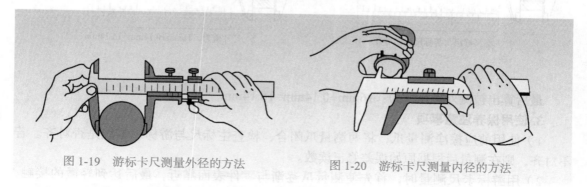

图1-19　游标卡尺测量外径的方法　　　　图1-20　游标卡尺测量内径的方法

（3）测量深度　先将深度尺拉长到大于被测尺寸的深度，放入被测零件后再平稳压入零件，卡尺测量深度端的缺口面靠紧零件表面，让尺身接触到零件表面后，再读取数值，如图1-21所示。

（4）游标卡尺读数方法　游标卡尺的读数方法如图1-22所示，以分度值为0.02mm游标卡尺测量外径尺寸为例，可分三个步骤：

1）根据游标尺零线以左的主标尺上的最近标记读出整数尺寸数值，如图1-23所示。

图1-23中游标尺"0"的位置在16mm的后面，即为测量物体的外形长度整数尺寸数值为16mm。

2）根据游标尺零线以右与主标尺上的标记对准的标记数乘上0.02mm读出小数，如图1-24所示。

图1-24中游标尺的第7条刻线与主标尺标记对齐，即小数尺寸数值为7×0.02mm＝0.14mm。

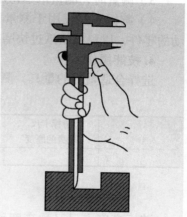

图1-21　游标卡尺测量深度方法

3）将上面整数和小数两部分加起来，即为总尺寸，如图1-25所示。

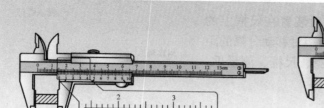

图1-22　游标卡尺测量内孔尺寸的读数方法

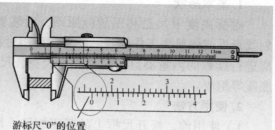

游标尺"0"的位置

图1-23　游标卡尺的读数（一）

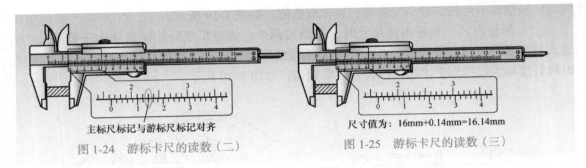

主标尺标记与游标尺标记对齐

图1-24　游标卡尺的读数（二）

尺寸值为：16mm+0.14mm=16.14mm

图1-25　游标卡尺的读数（三）

最后算出被测外形尺寸为：16mm+0.14mm=16.14mm。

3. 使用保养注意事项

1）使用前应擦净测量爪，将两测量爪闭合，检查主标尺与游标尺零线是否对齐。若不对齐，则在测量后根据原始误差修正读数。

2）用游标卡尺测量时，首先使测量爪逐渐与零件表面靠近，最后达到轻微的接触，不要用力过猛，以免损坏尺面和零件。

3）测量时，测量爪不得用力紧压零件，以免测量爪变形或磨损，影响测量的准确度。

4）游标卡尺仅用于测量已加工的光滑表面，不要用它检测表面粗糙的零件或正在运动的零件，以免测量爪过快磨损。

4. 技能操作

选择合适量程的量具，测量对应尺寸数值，并记录测量值（见表1-5）。

表1-5　游标卡尺测量练习

测量对象	游标卡尺尺身的厚度	麻花钻柄部的直径	台虎钳螺母内孔直径	钻床工作台"T"形槽宽度	钻床工作台"T"形槽深度
尺寸值/mm					

三、游标高度卡尺

游标高度卡尺又称高度尺（见图1-26），主要与划线平板配合使用，用于测量零件的高度尺寸值，另外还经常用于测量几何公差尺寸，有时也用于划线。

1. 基本形状

游标高度卡尺是利用游标原理，对装置在尺框上的划线量爪或测量头工作面与底座工作面相对移动分隔的距离进行读数的测量器具。它主要由尺身、尺框、测量爪、底座等组成。

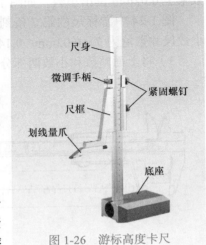

图1-26　游标高度卡尺

2. 使用方法

1）使用前，松开尺框上的紧固螺钉，用布将划线平板、尺身、底座和划线量爪测量面、导向面擦干净。检查"0"位：轻推尺框，使划线量爪测量面紧贴划线平板，游标"0"位线应与尺身"0"位线对齐，读数为"0"。

2）测量高度时，应将被测工件放置于平板上，划线量爪测量面与被测上表面相贴合。具体测量方法和读数方法与游标卡尺一样。

3.使用保养注意事项

1）不管使用与否，游标高度卡尺都应站立放置。

2）移动游标高度卡尺时，应一手拖住底座，一手扶住尺身，防止跌落，并避免碰撞使尺身变形。不要靠近强磁场，若已磁化，应及时退磁后使用。

4.技能操作

见表1-6，选择合适量程的量具，测量对应尺寸数值，并记录测量值。

表1-6　游标高度卡尺测量练习

测量对象	方箱的高度	平锉刀的厚度（10in）	麻花钻柄部直径	台虎钳钳口铁的厚度	台虎钳螺杆的直径
尺寸值/mm					

四、外径千分尺

外径千分尺是比游标卡尺更精密的测量工具，用它测长度可以精确到0.01mm，测量范围为几十毫米。外径千分尺的结构如图1-27所示。

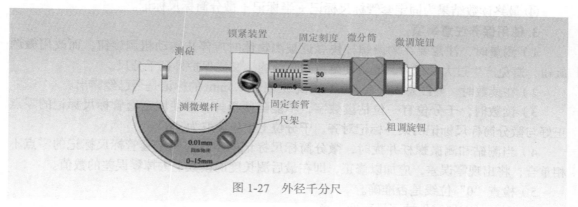

图1-27　外径千分尺

1.基本形状

外径千分尺是依据螺旋放大的原理制成的，即螺杆在螺母中旋转一周，螺杆便沿着轴线方向前进或后退一个螺距的距离。因此，沿轴线方向移动的微小距离，就能用圆周上的读数表示出来。

1-3　外径千分尺的结构和规格

外径千分尺的精密螺纹的螺距是0.5mm，微分筒上有50个标尺分度，微分筒旋转一周，测微螺杆可前进或后退0.5mm，因此旋转每个小分度，相当于测微螺杆前进或后退0.5mm/50=0.01mm。可见，固定套管标尺标记每一小格表示0.01mm，所以千分尺可准确到0.01mm。由于还能再估读一位，可读到毫米的千分位，故名千分尺。

2.使用方法

1）使用前应先检查零点，缓缓转动微调旋钮，使测微螺杆和测砧接触，听到棘轮发出声音为止，此时微分筒上的零标记应当和固定套管上的基准线（长横线）对正，否则有零误差。

2）左手持尺架，右手转动粗调旋钮使测微螺杆与测砧间距稍大于被测物，放入被测物，转动微调旋钮直到夹住被测物，棘轮发出声音为止，拨动锁紧装置使测微螺杆固定后读数，如图1-28所示。

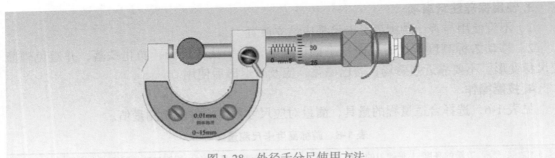

图 1-28　外径千分尺使用方法

3）外径千分尺的读数方法。

① 先读固定套管标尺标记。

② 再读半标记，若半标记线已露出，记作 0.5mm；若半标记线未露出，记作 0mm。

③ 再读微分筒标尺标记（注意估读）。记作 $n \times 0.01$mm。

④ 最终读数结果为固定套管标尺标记 + 半标记 + 微分筒标尺标记。

3. 使用保养注意事项

1）测量时，注意要在测微螺杆快靠近被测物体时应停止转动粗调旋钮，而改用微调旋钮，避免产生过大的压力，既可使测量结果精确，又能保护外径千分尺。

2）在读数时，要注意固定套管标尺标记上表示 0.5mm 的标记是否已经露出。

3）读数时，千分位有一位估读数字，不能随便扔掉，即使固定套管标尺标记的零点正好与微分筒标尺标记的某一标记对齐，千分位上也应读取为"0"。

4）当测砧和测微螺杆并拢时，微分筒标尺标记的零点与固定套管标尺标记的零点不相重合，将出现零误差，应加以修正，即在最后测长度的读数上去掉零误差的数值。

5）检查"0"位线是否准确。

6）测量时需把零件被测量面擦干净。

7）零件较大时应放在 V 形架或平板上测量。

8）测量前将测微螺杆和测砧擦干净。

9）拧微分筒时需用棘轮装置。

10）不要拧松后盖，以免造成"0"位线改变。

11）不要在固定套管和微分筒间加入普通机油。

12）用后擦净上油，放入专用盒内，置于干燥处。

4. 技能操作

选择合适量程的外径千分尺（见表 1-7），测量对应尺寸数值，并记录测量值。

表 1-7　外径千分尺测量练习

测量对象	A4 纸的厚度	头发丝的直径	外径千分尺测微螺杆的直径	刀口形直尺短边的厚度	锯条的厚度
量程选择					
尺寸值 /mm					

五、游标万能角度尺

游标万能角度尺是用来测量零件内外角度的量具，分度值为 2′ 和 5′ 两种，测量范围为 0°~320°。

1-4　游标万能角度尺的种类及使用

1. 基本形状

（1）游标万能角度尺的结构　游标万能角度尺主要由主尺、游标尺、基尺、直尺、直角尺和卡块等组成，如图 1-29 所示。

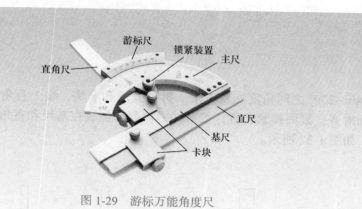

图 1-29　游标万能角度尺

（2）2′ 游标万能角度尺的测量原理　游标万能角度尺主标尺标记每格为 1°，游标尺标记共有 30 个，等分 29°，游标每格为 29°/30=58′，主标尺标记 1 格和游标尺标记 1 格之差为 1°−58′ = 2′，因此它的分度值为 2′。

2. 使用方法

测量前应根据被测对象的角度，组装游标万能角度尺组件，组装要求及方法如下：

（1）0°~50° 之间角度的测量方法　将直角尺和直尺全部装上，把零件的被测部位放在基尺和直尺的测量面之间进行测量，如图 1-30 所示。

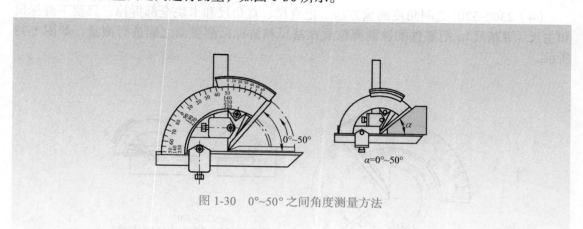

图 1-30　0°~50° 之间角度测量方法

（2）50°~140° 之间角度的测量方法　拆掉直角尺，把直尺装上去，使它与游标尺连在一起，把零件的被测部位放在基尺和直尺的测量面之间进行测量，如图 1-31 所示。

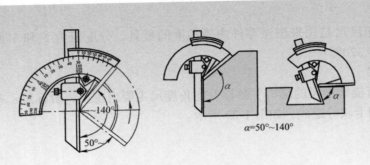

图 1-31　50°~140° 之间角度测量方法

（3）140°~230° 之间角度测量方法　拆掉直尺和卡块，装上直角尺，并将直角尺短边与基尺平面对齐，紧固锁紧装置，把零件的被测部位放在基尺和直角尺短边的测量面之间进行测量，如图 1-32 所示。

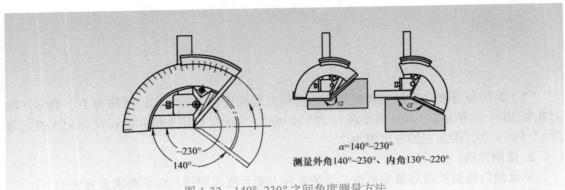

图 1-32　140°~230° 之间角度测量方法

（4）230°~320° 之间角度测量方法　把直尺、直角尺和卡块全部拆掉，只留下游标尺和主尺（带基尺），把零件的被测部位放在基尺和游标尺测量面之间进行测量，如图 1-33 所示。

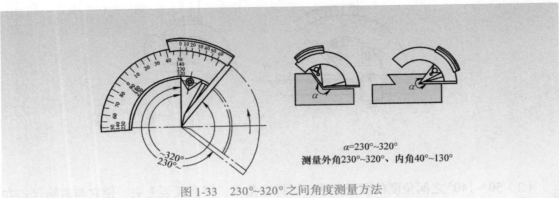

图 1-33　230°~320° 之间角度测量方法

3. 使用保养的注意事项

1）使用前，先将游标万能角度尺擦拭干净，再检查各部件的相互作用是否移动平稳可靠，止动后的读数是否不动，然后对准零位。

2）测量时，放松锁紧装置上的螺母，移动主尺粗调，再转动游标尺背面的手把进行精细调整，直到使角度尺的两测量面与被测零件的工作面密切接触为止，然后拧紧锁紧装置上的螺母加以固定，即可进行读数。

3）测量完毕后，应用汽油或酒精把游标万能角度尺洗净，用干净纱布仔细擦干，涂上防锈油，然后装入盒内。

4. 技能操作

根据被测对象的角度组装游标万能角度尺，测量对应角度数值，并在表1-8中记录测量值。

表1-8　游标万能角度尺测量练习

测量对象	刀口形直角尺刀口的角度	麻花钻顶角的角度	锥柄钻夹头的角度
组件选择	直角尺（　　） 刀口形直角尺（　　）	直角尺（　　） 刀口形直角尺（　　）	直角尺（　　） 刀口形直角尺（　　）
角度值			

技能训练

◼ 钳工常用量具操作

活动一：观摩教师对金属直尺的使用方法，领会操作要领，熟记金属直尺使用方法。

活动二：观摩教师对游标卡尺的使用方法，领会操作要领，熟记游标卡尺的操作方法，反复练习。

活动三：观摩教师对游标高度卡尺的使用方法，领会操作要领，熟记游标高度卡尺操作方法，反复练习。

活动四：观摩教师对外径千分尺的使用方法，领会操作要领，熟记外径千分尺操作方法，反复练习。

活动五：观摩教师对游标万能角度尺的使用方法，领会操作要领，熟记游标万能角度尺的操作方法，反复练习。

任务3　钳工操作规程及职业规范

任务目标

1. 能够严格执行钳工操作安全文明操作规程。

2. 能够识别钳工车间常见安全标志。

3. 能够在日常生产过程中执行7S职业规范。

知识链接

为了充分发挥钳工实训室的作用，减少安全事故的发生，参加实训的人员必须经过专门的技术培训，熟知钳工实训相关设备的安全操作规程等方面的知识，确保实训过程中人身及设备安全。

一、钳工实训安全操作规程

1）工作前请穿好工作服、安全鞋，戴好工作帽，不允许戴手套。

2）不要移动或损坏安装在机床上的警告标牌。

3）不要在机床周围放置障碍物，工作空间应足够大。

4）进入钳工实训车间后，应服从安排，听从指挥，不得擅自起动或操作相关设备。

5）工件、量具、工具应放置在规定的位置，不能混放。

6）夹紧工件时，不准采用在手柄上套管子或用锤子敲击等过载方式，以免损坏台虎钳。

7）锯切用力要均匀，以免因用力过猛折断锯条伤人，快锯断时，用力应轻，以免碰伤手臂。

8）锉削时，锉刀必须装柄使用，以免刺伤手心，锉刀放置时不应伸出工作台台面以外，以免碰伤摔断或伤人，更不能敲打锉刀，以免折断。

9）小心搬运机用虎钳，谨防机用虎钳跌落伤人。

10）严禁用手擦拭或用嘴吹切屑，应用毛刷清理切屑。

11）实训结束后，应关闭电源，清扫工作台，整理工量具，打扫环境卫生。

二、钻床安全操作规程

1）操作前要穿紧身防护服，袖口扣紧，上衣下摆不能敞开，严禁戴手套，不得在开动的机床旁穿、脱换衣服，或围布于身上，防止机器绞伤。必须戴好安全帽，辫子应放入帽内，不得穿裙子、拖鞋。

2）开机前应检查机床传动是否正常，工具、电气、安全防护装置、切削液挡水板是否完好，钻床上保险块、挡块不准拆除，并按加工情况调整使用。

3）摇臂钻床在装夹或校正工件时，摇臂必须移离工件并升高，进行制动，必须用压板压紧或夹住工件，以免回转甩出伤人。

4）钻床工作面上不要放其他东西，换钻头、夹具及装卸工件时须停机进行。带有毛刺和不清洁的锥柄，不允许装入主轴锥孔，装卸钻头要用镶条，严禁用锤子敲打。

5）钻小的工件时，要用台虎钳，夹紧后再钻。严禁用手去触碰转动着的钻头。

6）薄板、大型或长形的工件竖着钻孔时，必须压牢，严禁用手扶着加工，钻通孔时应减压慢速，防止损伤平台。

7）机床开动后，严禁戴手套操作。清除切屑要用刷子，禁止用嘴吹。

8）钻床及摇臂转动范围内，不准堆放物品，应保持清洁。

9）工作完毕后，应切断电源，卸下钻头，主轴箱必须靠近端，将横臂下降到立柱的下部并制动，以防止发生意外。清理工具，做好机床的保养工作。

三、砂轮机安全操作规程

1）砂轮机的防护罩必须完备牢固，保护罩未装妥时，请勿开动机器，保证电源开关装配正确。

2）操作者必须做好防护工作（戴上防护眼镜、扎好长发等）后，才能进行工作。

3）对砂轮机性能不熟悉的人，不能使用砂轮机。

4）在起动砂轮机之前，要认真察看砂轮机与防护罩之间有无杂物，确认无问题时，再起动砂轮机。

5）砂轮因长期使用导致磨损严重时，不准使用。

6）砂轮机因维修不良发生故障，砂轮机轴晃动、安装不符合安全要求时，不准起动。

7）换新砂轮，必须经过认真选择。安装前，请先检查砂轮外观有无瑕疵或裂纹，用木锤轻敲并分辨声音清浊，如声音破哑则勿使用。此外，砂轮轴与砂轮孔配合不好的砂轮，不准使用。

8）换砂轮上的螺钉时要均匀用力，安装时请勿用铁锤敲打，勿用力将砂轮装在心轴上或改变其中心孔尺寸，勿将螺母拧得过紧或过松，砂轮与绿盘间夹置厚度为 2mm 以下的吸墨纸或其他可压缩性面料。

9）新装砂轮开动后，人离开其正面后空转 15min；已装砂轮开动后，人离开正面使其空转 3min。待砂轮机运转正常时，才能使用。

10）在同一砂轮上，禁止两人同时使用，更不准在砂轮的侧面磨削，勿将操作物过度挤压在砂轮上，不能磨削性质不宜的材料。磨削时，操作者应站在砂轮机的侧面，不要站在砂轮机的正面，以防砂轮崩裂，发生事故。

11）在磨削中砂轮若有填塞或平滑、作用不良且易过热时，应立即削锐；有不平衡时，勿冲打，要用砂轮刀立即削正。

12）磨工具用的专用砂轮不准磨其他任何工件或材料。

13）对于细小的、大的和不规则的工件，不准在砂轮机上磨；特别是小工件要拿牢，以防挤入砂轮机内或挤在砂轮与托板之间，将砂轮挤碎。

14）砂轮不准沾水，要经常保持干燥，以防沾水后失去平衡，发生事故。

15）砂轮磨薄、磨小后应及时更换，厚薄度与大小可根据经验以保证安全为原则。

16）砂轮机用完之后，应立即关闭电源，不要让砂轮机空转。

四、识别钳工车间常见安全标志

识别图 1-34 中的安全警示标志，了解其含义及特点，并在日常生产过程中严格执行。

五、执行 7S 职业规范

根据图 1-35 所示，在日常生产过程中应严格执行 7S 职业规范要求，消除各类安全生产隐患，构建一流的生产现场，培养一流的职业素养。

7S 是指在生产现场对人员、机器、材料等生产要素进行有效管理，起源是日本的 5S，分别代表"整理""整顿""清扫""清洁""素养""安全""节约"。

7S 的管理内容：

1）整理：增加作业面积；物流畅通、防止误用等。

2）整顿：工作场所整洁干净，减少取放物品的时间，提高工作效率，工作秩序区保持井井有条。

图 1-34　安全警示标志

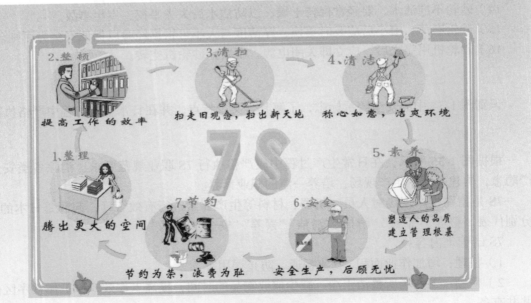

图 1-35　7S 生产现场管理规范

3）清扫：使员工保持良好的工作情绪，并保证稳定产品的品质，最终达到企业生产零故障和零损耗。

4）清洁：使整理、整顿和清扫工作成为一种惯例和制度，是标准化的基础，也是一个企业形成企业文化的开始。

5）素养：将员工培养成为一个遵守规章制度，并具有一个良好工作素养习惯的人。

6）安全：保障员工的人身安全，保证生产连续安全地进行，同时减少因安全事故带来的经济损失。

7）节约：就是对时间、空间、能源等方面合理利用，以发挥它们的最大效能，从而创造一个高效率的、物尽其用的工作场所。

执行7S的八大作用：

1）亏损为零。保持干净、整洁的工作环境；在客户中创造出无缺陷、无不良的声誉，使忠实的客户越来越多；提高公司知名度，人们都以来公司工作及购买公司的产品为荣。

· 整理、整顿、清扫、清洁和修养维持良好，并且成为习惯，以整洁为基础的企业有很大的发展空间。

2）不良为零。产品按标准要求生产；检测仪器正确地使用和保养，是确保品质的前提；环境整洁有序，若有异常一眼就可以发现；干净整洁的生产现场，可以提高员工的品质意识；机械设备正常使用保养，可减少的次品产生。

· 员工知道要预防问题的发生而非仅是处理问题。

3）浪费为零。7S能减少库存量，防止过剩生产，避免零件、半成品、成品在库过多；避免库房、货架、天棚过剩；避免卡板、台车、叉车等搬运工具过剩；避免购置不必要的机器、设备；避免"寻找""等待""避让"等动作引起的浪费；消除"拿起""放下""清点""搬运"等无附加价值动作。

· 避免出现多余的文具、桌、椅等办公设备。

4）故障为零。工厂无尘化；无碎屑、碎块和漏油，经常擦拭和保养，机械运转率高；模具、工装夹具管理良好，调试、寻找时间减少；设备产能、人员效率稳定，综合效率可把握性高；每日进行使用点检，防患于未然。

5）切换产品时间为零。模具、夹具、工具经过整顿，不需要过多的寻找时间；整洁规范的工厂机器正常运转，工作效率大幅上升；彻底的7S，让初学者和新人一看就懂，快速上岗。

6）事故为零。整理、整顿后，通道和休息场所等不会被占用；物品放置、搬运方法和积载高度考虑了安全因素；工作场所宽敞、明亮，使物流一目了然；人车分流，道路通畅；"危险""注意"等警示明确；员工正确使用保护器具，不会违规作业；所有的设备都进行清洁、检修，能预先发现存在的问题，从而消除安全隐患；消防设施齐备，灭火器放置位置、逃生路线明确，万一发生火灾或地震，员工生命安全有保障。

7）投诉为零。人们能正确地执行各项规章制度；去任何岗位都能立即上岗作业；谁都明白工作该怎么做，怎样才算做好了；工作方便又舒适；每天都有改善、有进步。

8）缺勤率为零。一目了然的工作场所，没有浪费、勉强、不均衡等弊端；岗位明亮、干净，无灰尘、无垃圾的工作场所让人心情愉快，不会让人厌倦和烦恼；工作已成为一种乐趣，员工不会无故缺勤旷工；7S能给人"只要大家努力，什么都能做到"的信念，让大家主动进行改善；在有活力的一流工作场所工作，员工都由衷感到自豪和骄傲。

技能训练

■ 钳工操作规程及职业规范学习

　　活动一：教师讲解钳工安全操作规程，学生认真聆听，熟记设备相关操作安全规程。

　　活动二：学生认真学习 7S 职业规范，按照要求针对实训现场，进行 7S 操作比试。

项目2 钳工基本操作技能

钳工的基本技能包括：划线、锯削、钻孔、扩孔、铰孔、錾削、锉削、攻螺纹等。学好钳工理论，掌握钳工基本技能，才能为以后走上工作岗位打下坚实的基础。

项目目标

1. 掌握钳工相关基础操作技能。
2. 掌握钳工相关操作技能的方法与技巧。
3. 熟练使用钳工相关工具。

大国工匠——航空"手艺人"胡双钱

任务1 划 线

任务目标

1. 了解划线的作用及种类。
2. 了解划线工具的种类，掌握其操作方法与技巧。
3. 掌握划线基准的选择方法。
4. 熟练掌握划线的步骤与方法。

任务描述

根据给定的工件毛坯，完成图2-1所示图样的划线任务。

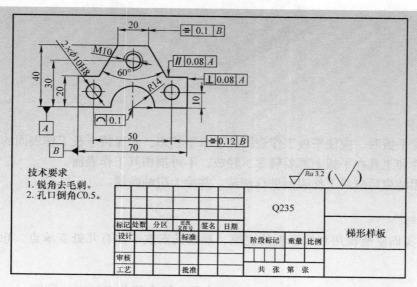

图2-1 任务图样

知识链接

划线是机械加工中的一道重要工序，广泛用于单件或小批量生产。划线是指根据图样和技术要求，在毛坯或半成品上用划线工具画出加工界线，或划出作为基准的点、线的操作过程。

划线分为平面划线和立体划线两种。

划线是后续加工的基础，对划线的基本要求是线条清晰匀称，定形、定位尺寸准确。划线的线条宽度一般要达到 0.25~0.5mm。应当注意，工件的加工精度不能完全由划线确定，而应该在加工过程中通过测量来保证。

2-1　划线工具

划线时需使用专用的划线工具，常见的钳工划线工具主要包括：钳工划线水、划线平板、划针、划规、划线盘、样冲等。

（1）钳工划线水　钳工划线水是一种高级墨水，用塑料瓶包装，如图 2-2 所示，颜色一般为深蓝色。在工件划线前，将钳工划线水涂抹在工件的表面，然后在已涂钳工划线水的工件上划线，所划出线条将更明显。

使用方法：用毛刷或毛笔蘸上划线水，然后均匀涂抹在工件表面即可。

图 2-2　钳工划线水

阅读与思考：
除了上述钳工常用的深蓝色划线水外，还有其他种类的水么？有何区别？

（2）划线平板　一般由铸铁制成，安装在木制台面上，高度约 1m，如图 2-3 所示。工作表面经过精刨、刮削或精磨加工而成。它的工作表面应保持水平并具有较好的平面度，是划线或检测的基准。

图 2-3　划线平板

使用方法与注意事项：

1）放置平板时，应使平板工作表面处于水平状态，并保持平板工作表面的清洁。

2）工件和工具在平板上都要轻拿、轻放，不可损伤其工作表面。

3）使用结束后应对工作表面进行清洁，并涂上机油防锈。

阅读与思考：
检查实训室所使用划线平板的底座，观察其安放平面有几处支承点，想一想，为什么？

（3）划针　划针的尖端磨成 15°~20°，并要求针尖部分有较高的硬度，一般进行淬火处理 55~62HRC，如图 2-4 所示。划针主要用来在工件表面划线条，划针划出的线条宽度为 0.05~0.1mm。

划针的使用方法和注意事项如下：

① 常与金属直尺、直角尺或划线样板等导向工具一起使用。

② 平时不使用时应放入笔套，保持划针尖锐利。

③ 用划针划线时，用力必须均匀，力度大小适中。

④ 一根线最好是一次划成，防止出现双线。

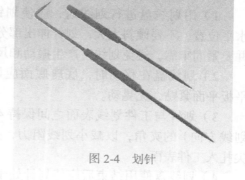

图 2-4　划针

⑤ 用划针划线时，一手压紧导向工具，防止导向工具滑动，另一只手握紧划针，并使划针向外侧倾斜 20°~25°，使划针的针尖贴紧导向工具，同时使划针向前时方向倾斜 45°~75°，如图 2-5 所示。

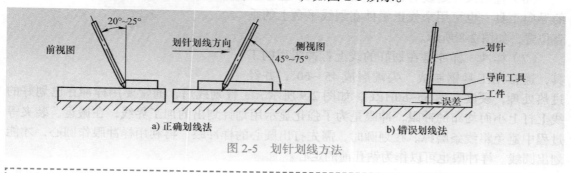

图 2-5　划针划线方法

阅读与思考：

为了保证划针针尖的硬度和耐磨性，钳工划针除采用整体结构式外，还可使用焊接式结构，焊接式结构划针其针尖部分为硬质合金材料。

（4）划规　划规也被称作圆规，如图 2-6 所示，在钳工划线中可以划圆和圆弧、等分线、等分角度以及量取尺寸等，是用来确定轴及孔的中心位置、划平行线的基本工具。

使用方法与注意事项：

1）划尺寸较小的圆弧时，应将划规的两脚长短磨得稍有不同，而且两脚合拢时脚尖能紧靠。

2）用划规作圆时，对作为旋转中心的一只脚应施加较大的压力，避免中心滑动，另一只脚应以较轻的压力在工件表面轻轻地划出圆或圆弧。

3）应保持划规的针脚尖锐。

（5）划线盘　划线盘主要由底座、立柱、划针和夹紧螺母等组成，如图 2-7 所示。划针两端分为直头端和弯头端，直头端用来划线，

图 2-6　划规

弯头端常用来找正工件的位置。可以通过调整螺母的位置来调整划针的高度。

使用方法与注意事项：

1）用划线盘进行划线时，应使划针尽量处于水平位置，不要倾斜太大，划针伸出部分不宜太长，并要紧固牢靠，避免划线时产生振动和尺寸变动。

2）划线盘在移动时，底座底面应始终与划线平板平面紧贴，无晃动。

3）划针与工件划线表面之间保持 40°~60°（沿划线方向）的夹角，以减小划线阻力，并使划针针尖扎入工件表面。

4）划线盘使用结束后应使划针处于直立状态，以保证安全。

（6）直角尺 划线时常用作划平行线、垂直线的导向工具，也可用来找正工件在划线平台上的垂直位置，如图 2-8 所示。

（7）样冲 样冲是在划好的线上打冲眼用的工具，通常用工具钢制成，尖端磨成 45°~60°，并经

图 2-7 划线盘

过热处理，硬度高达 55~60HRC，如图 2-9 所示。工件划线后，通常要用样冲在已划好的线上打上小而均布的冲眼，冲眼是为了强化显示用划针划出的加工界线，在搬运、装夹等过程中避免将线条磨掉。在划圆时，需先打出圆心的样冲眼，再利用样冲眼作圆心，才能划出圆线。样冲眼也可以作为钻孔前的定心。

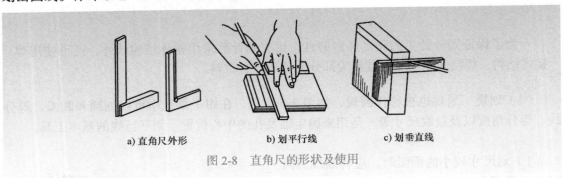

a) 直角尺外形　　　　　b) 划平行线　　　　　c) 划垂直线

图 2-8 直角尺的形状及使用

图 2-9 样冲

2-2 打样冲眼

使用方法与注意事项：

冲眼时，将样冲尖朝向操作者，斜着放在线条上，使样冲的尖端对准两条直线的点处，如图 2-10a 所示。然后将样冲竖直摆放，再进行锤击，如图 2-10b 所示，以保证冲眼的位置准确。

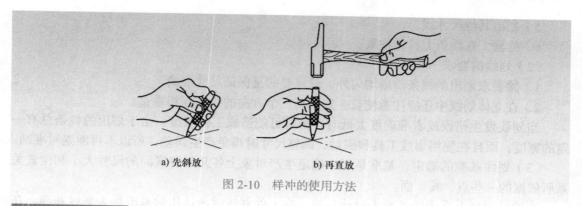

a) 先斜放 b) 再直放

图 2-10 样冲的使用方法

知识拓展

钳工常用划线工具，除上述介绍的几种外，根据其功能主要包含以下几类：

（1）基准工具 包括划线平板、方铁、V形铁、三角铁、弯板（直角板）以及各种分度头等。

（2）量具 包括金属直尺、高度尺、游标卡尺、游标万能角度尺、直角尺以及测量长尺寸的钢卷尺等。

（3）绘划工具 包括划针、划线盘、游标高度卡尺、划规、划卡、平尺、曲线板以及锤子、样冲等。

（4）辅助工具 包括钳工划线水、垫铁、千斤顶、C形夹头和夹钳以及找中心划圆时打入工件孔中的木条、铅条等。

技能准备

使用钳工划线方法，在毛坯表面划出图 2-11 所示的图样。

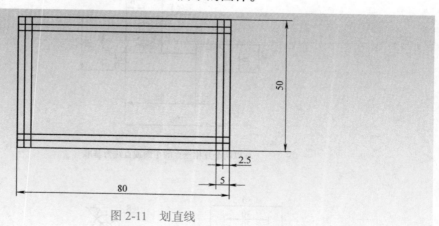

图 2-11 划直线

1. 基本线条的画法

（1）平面划线的步骤

1）熟悉图样，选定划线基准（两直角边基准面已经加工完成）。

2）准备划线工具。

3）工件表面涂色。

4）先划出基准线。

2-3 划线方法

5）划出其他尺寸线。

6）检验，在线条上打样冲眼。

（2）划线的要求

1）除要求划出的线条清晰均匀外，最重要的是保证尺寸准确。

2）在立体划线中还应注意使长、宽、高三个方向的线条互相垂直。

当划线发生错误或者准确度太低时，都有可能造成工件报废。由于划出的线条总有一定的宽度，而且在使用划线工具和测量、调整尺寸时难免产生误差，所以不可能绝对准确。

（3）划线基准的确定 基准是用来确定生产对象上各几何要素间的尺寸大小和位置关系所依据的一些点、线、面。

在设计图样上采用的基准为设计基准。在工件划线时所选用的基准称为划线基准。在选用划线基准时，应尽可能使划线基准与设计基准一致，这样可避免相应的尺寸换算，减少加工过程中的基准不重合误差。

当工件上有已加工面（平面或孔）时，应该以已加工面作为划线基准。若毛坯上没有已加工面，首次划线应选择最主要的（或大的）不加工面为划线基准（称为粗基准），但该基准只能使用一次，下一次划线时，必须将已加工面作为划线基准。

若一个工件有很多线条要划，究竟从哪一根线开始，常遵守从基准开始的原则，可以提高划线的质量和效率，并相应提高毛坯合格率。

平面划线时，通常要选择两个相互垂直的划线基准，而立体划线时，通常要确定三个相互垂直的划线基准。

（4）划线基准的类型

1）以两个相互垂直的平面或直线为基准（见图 2-12a）。

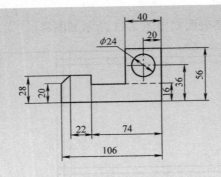

a) 以两个互相垂直的平面或直线为基准

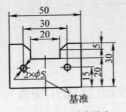

b) 以一个平面或直线和一个对称平面或直线为基准

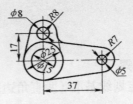

c) 以两个互相垂直的中间平面或直线为基准

图 2-12 划线基准的类型

该工件有两个相互垂直方向的尺寸。可以看出，每一方向的尺寸大多是依据它们的外缘线确定的（个别的尺寸除外）。此时，就可把这两条边线定为划线基准。

2）以一个平面或直线和一个中间平面或直线为基准（图2-12b）。该工件高度方向的尺寸是以底面为依据而确定的，底面就可作为高度方向的划线基准；宽度方向的尺寸对称于中心线，故中心线就可作为宽度方向的划线基准。

3）以两个互相垂直的中间平面或直线为基准（图2-12c）。

该工件两个方向的许多尺寸具有对称性，其他尺寸也从中心线起始标注。此时，就可把这两条中心线定为划线基准。

技能训练

活动一：教师展示划线的步骤及划线注意事项，学生认真观摩学习。

活动二：根据课程初始布置的课程任务，利用学习的知识，完成划线任务，划线完成图如图2-13所示。

图2-13　划线完成图

任务2　锯　　削

任务目标

1. 了解锯条、锯弓的规格，并熟练掌握锯条的安装方法。
2. 掌握握锯姿势及锯削时的站立姿势。
3. 掌握起锯角度。
4. 熟练掌握常见工件的锯削方法，了解锯条损坏的原因与预防方法。

任务描述

利用任务1划线完成的材料，根据图2-1所示图样的要求，完成工件的锯削任务。

锯削是用手锯对工件或材料进行分割的一种切削加工方法。

锯削包括分割各种材料或半成品、锯掉工件上的多余部分及在工件上锯槽等，如图 2-14 所示。

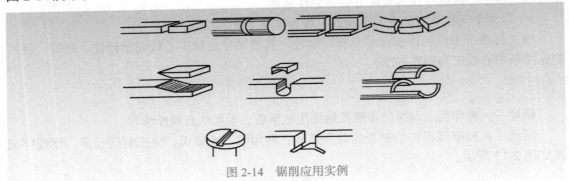

图 2-14　锯削应用实例

一、手锯

手锯由锯弓和锯条组成，锯弓用于安装锯条，分为可调式和固定式两种，如图 2-15 所示。

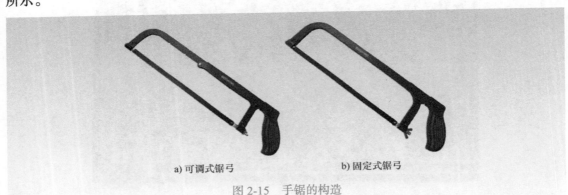

a) 可调式锯弓　　　　　　　　b) 固定式锯弓

图 2-15　手锯的构造

锯弓的两端各有一个夹头。夹头上的销子插入锯条安装孔后，可通过旋转蝶形螺母来调整锯条的张紧程度。

二、锯条

锯条的规格用两个安装孔的中心距来表示。钳工常用的锯条长 300mm，宽 12~15mm，厚 0.6~1.25mm。锯齿的粗细用锯条每 25.4mm（1in）长度内的齿数来表示，一般分粗、中、细三种。锯齿的规格及应用见表 2-1。

表 2-1　锯齿的规格与应用

锯齿粗细	每 25.4mm（1in）长度内的齿数	应用
粗	14~16	锯削软材料（铜、铝等）
中	22~25	锯削硬质材料（钢、铁等）
细	28~32	锯削很硬材料（45 钢以上）

阅读与思考：

钳工常用锯弓除了上述型号外，还有图2-16所列类型。请同学看一看它们各有什么特点。

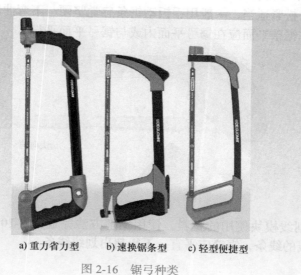

a) 重力省力型　　　b) 速换锯条型　　　c) 轻型便捷型

图2-16　锯弓种类

图2-17所示为电动往复锯，也是钳工工作现场常使用的锯削工具。

图2-17　电动往复锯

做一做：

图2-18所示为钳工常用锯条，请从你所在的实训车间找一根与图2-18中相同型号的锯条，测量出相应尺寸数值并记录。

图2-18　钳工常用锯条

序号	锯条安装孔直径	锯条安装孔孔距	锯条无齿边厚度	锯条有齿边厚度	锯条宽度	数一数25mm（1in）内锯齿齿数
1						
2						

2-4 手锯构造
及锯条的安装

三、锯条的安装方法

1）由于手锯是在向前推进的同时进行切削的，而向后返回时不起切削作用，所以在锯弓安装时具有方向性，锯齿方向必须向前，如图 2-19 所示。

2）松紧适当，一般用手扳动锯条感觉坚硬、不弯曲即可。

3）锯条平面应在锯弓平面内或与锯弓平面平行。

齿尖向前

图 2-19 锯条的安装

技能准备

利用任务 1 划线模块使用的材料，使用锯削方法完成图 2-10 所示边框的锯削练习任务，要求保留划线的线条，锯缝应平直，不得超出划线线条。

一、工件夹持

锯削前需将工件在台虎钳上夹好。工件装夹的要领如下：

1）工件装夹要牢固、稳定，但不能夹伤工件，通常夹在台虎钳左边。

2）对薄管件或已加工表面不能装夹太紧，也可以加软钳口。

3）工件伸出台虎钳钳口的距离不得大于 20mm，以免工件振动，如图 2-20 所示。

图 2-20 工件的装夹

二、锯削方法

1. 握锯

2-5 手锯常用
握持方法

锯削操作时，一般右手满握锯柄，左手握在锯弓的前端，握柄手臂与锯弓成一条直线。锯削时右手施力，左手压力不要太大，主要是协助右手扶正锯弓，身体稍微前倾，回程时手臂稍向上抬，在工件上滑回。如图 2-21 所示，左右手相互配合完成锯削动作。

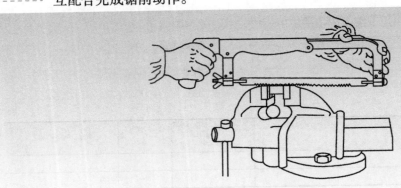

图 2-21 握锯方法

2. 锯削姿势

锯削时，操作者应站在台虎钳的左侧，左脚向前迈半步，与台虎钳中轴线成30°角；右脚在后，与台虎钳中轴线成75°角，如图 2-22a 所示；两脚间的距离与肩同宽（图 2-22b），身体与台虎钳中轴线的垂线成45°角。

3. 起锯

起锯是锯削的开始，有远起锯和近起锯两种方式，如图 2-23 所示。

远起锯：左手拇指指甲靠住锯条导向，右手握锯柄，以15°为宜。图 2-23a 所示为远起锯，图 2-23b 所示为近起锯。

4. 锯削操作要领

1）锯削前，左脚向前迈半步，左膝稍微弯曲，右腿站稳伸直不用力，整个身体保持自然状态。双手按正确的握锯姿势将手锯握正，并将其放在工件上，左肩略弯曲，右臂与锯削方向保持平行，如图 2-24a 所示。

2）向前推锯时，身体随手锯一起向前运动。这时，右腿自然伸直向前倾，身体也随之向前倾，重心移至左腿上，如图 2-24b 所示。

3）随着锯削的持续进行，手锯继续向前推进，身体也随之向前倾斜，但角度不宜超过18°，如图 2-24c 所示。

4）当手锯推至锯条长度的3/4时，如图 2-24d 所示，手锯停止向前运动，准备回程，身体也停止向前运动而向后倾，身体重心随之后移，左腿略伸直，手锯顺势收回，身体回到锯削的起始姿势，完成一次锯削运动，然后不断重复，使锯削运动不断进行。

2-6 锯削姿势

2-7 起锯方式

2-8 锯削操作要领

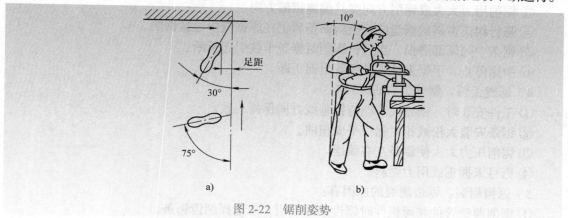
图 2-22 锯削姿势

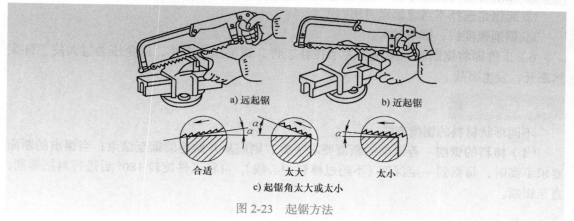
图 2-23 起锯方法

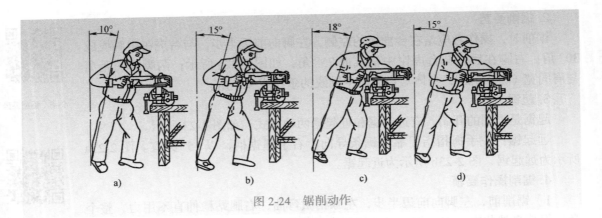

图 2-24　锯削动作

三、锯削时的注意事项

2-9　锯削时
常见错误举例

1）推锯时应尽量使锯条的全部长度都用到，一般往复长度不少于锯条全长的 2/3。

2）锯削速度一般 20~40 次 /min 为宜，锯削行程应保持匀速，返回行程速度应快些。

3）锯削时要防止工作中的锯条突然折断，崩出伤人。锯条折断的原因有：

① 工件未夹紧，锯削时工件松动。

② 锯条安装过松或过紧。

③ 锯削用力太大或锯削方向突然偏离锯缝方向。

④ 强行纠正歪斜的锯缝或调换新锯条后仍在原锯缝中过猛锯削。

⑤ 锯条中间局部磨损，当拉长锯削时锯条卡住引起折断。

⑥ 中途停止，手锯未从工件中取出而折断。

4）锯缝歪斜。锯缝歪斜的原因有：

① 工件安装时，锯缝线未能与铅垂线方向保持一致。

② 锯条安装太松或相对锯弓平面扭曲。

③ 锯削压力太大使锯条左右偏摆。

④ 锯弓未握正或用力歪斜。

5）锯齿崩裂。锯齿崩裂的原因有：

① 锯削薄壁管件和薄板件时锯齿选择不当，未选择细齿锯条。

② 起锯角选择不当或起锯时用力过大。

③ 锯削速度快，摆角过大。

6）工件即将锯断时，应使用左手按住工件，锯削压力要小，避免压力过大使工件突然断开，发生事故。

知识拓展

不同形状材料的锯削方法：

（1）棒料的锯削　若锯削的断面要求平整，则应从开始连续锯至结束；当锯出的断面要求不高时，每锯到一定深度（不超过棒料中心线），可将工件旋转 180° 后进行对接锯削，直至锯断。

（2）管料的锯削　锯削薄壁管子工件前，应划出垂直于轴线的线，锯削时把管子夹正，使用两块木制 V 形或弧形槽垫块装夹，以防夹扁或夹坏表面，如图 2-25 所示。

2-10　扁钢、条料、薄板、深缝的锯削实例

锯削薄壁管件时，先在一个方向锯到管子内壁处，然后把管子向推锯的方向转动一个角度，并连接原锯缝再锯到管子内壁处，如此逐渐改变方向直至锯断。

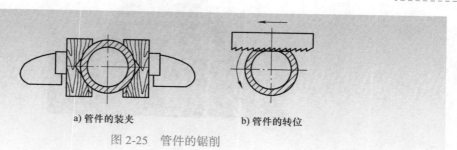

a) 管件的装夹　　　　　　b) 管件的转位

图 2-25　管件的锯削

（3）板料的锯削　锯削板料时，应从板料较宽的面下锯，这样可使锯缝较浅而且整齐，锯条不易被卡住。若锯削薄板件只能从板料的窄面锯削，可使用两块木板装夹，连木板一起锯削，避免被锯齿钩住，同时增加了薄板件的刚性，使锯削时不易发生颤动，如图 2-26a 所示。另一种方法可以把薄板料夹持在台虎钳上，使用横向斜推锯，使锯齿与薄板料接触齿数增多，避免锯齿崩裂，如图 2-26b 所示。

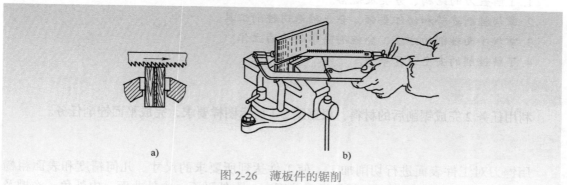

a)　　　　　　　　　　　　b)

图 2-26　薄板件的锯削

当锯缝的深度即将超过锯弓高度时（图 2-27a），应将锯条转过 90° 重新安装，使锯弓转到工件的旁边（图 2-27b），或把锯条转过 180°，使锯齿朝着锯弓背进行锯削，这样锯弓背不会和工件发生碰撞，如图 2-27c 所示。

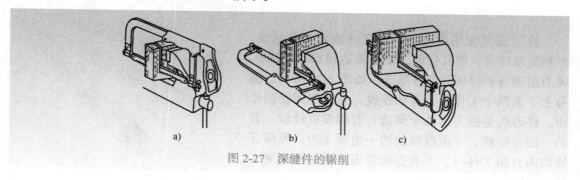

a)　　　　　　　　　b)　　　　　　　　　c)

图 2-27　深缝件的锯削

技能训练

活动一：教师展示锯削的步骤及注意事项，学生认真观摩学习。

活动二：根据课程初始布置的课程任务，利用学习的知识，完成锯削任务，锯削完成图如图 2-28 所示。

图 2-28　锯削完成图

任务 3　锉　　削

任务目标

1. 了解锉刀的结构、分类及规格。
2. 掌握锉削姿势和动作要领，会正确选用锉削工具。
3. 掌握平面锉削的方法，会锉削简单的平面立体。
4. 了解锉削的安全注意事项。

任务描述

利用任务 2 完成锯削后的材料，根据图 2-1 所示图样要求，完成平面锉削任务。

知识链接

用锉刀对工件表面进行切削加工，使工件达到所要求的尺寸、几何精度和表面粗糙度，这种加工方法称为锉削。锉削的加工范围有：内外平面、内外曲面、内外角、沟槽及各种复杂形状的表面。锉削是钳工的重要工作之一，尽管它的工作效率不高，但仍在现代工业生产中广泛应用。

一、锉刀

锉刀通常使用高碳工具钢 T13 或者 T12 制成，经热处理淬火，使其变硬，硬度值达到 62~67HRC。锉刀由锉身和锉柄两部分组成，如图 2-29 所示。锉身上下为两个工作面，布满锉纹，主要起到锉削作用。锉刀边是锉刀的两个侧边，有的没有锉纹，有的一面有锉纹、一面没锉纹的一边叫光边，可保证锉削内直角工件时，不会伤到邻面。锉刀舌用来安装锉刀柄。

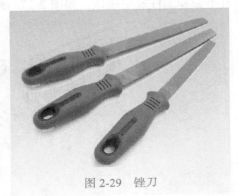

图 2-29　锉刀

二、锉刀的种类

锉刀按照用途不同，大致可分为钳工锉、异形锉和整形锉三类。

1. 钳工锉

钳工锉按其断面形状不同，分为扁锉、方锉、圆锉、半圆锉和三角锉五种，如图 2-30 所示。

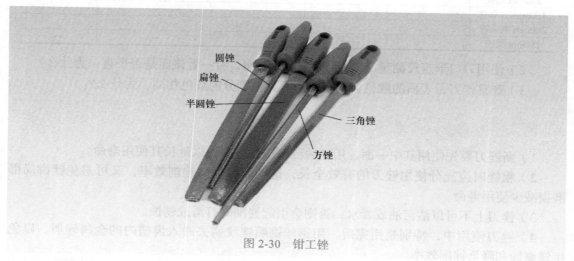

图 2-30　钳工锉

2. 异形锉

异形锉用于锉削工件特殊表面，应用很少。

3. 整形锉

整形锉（也称什锦锉）主要用于修整工件上的细小部分，通常以多支为一组。

三、锉刀的选用

1. 根据工件加工面形状选择锉刀

锉刀的形状要和工件形状对应，如图 2-31 所示。

2. 根据工件精度要求选择锉刀齿粗细

锉刀齿粗细根据被加工工件的余量、精度、材料性质来选择。粗齿锉刀适用于余量大、精度低、材料软的工件，反之选择细齿锉刀。各种锉刀加工范围见表 2-2。

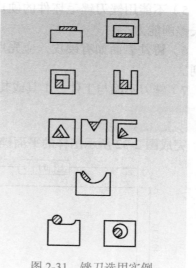

图 2-31　锉刀选用实例

表 2-2　锉刀齿纹粗细的选用

锉刀	适用场合			
	加工余量 /mm	尺寸精度 /mm	表面粗糙度 /μm	适用对象
粗锉	0.5~1	0.2~0.5	$Ra25\sim100$	粗加工或加工有色金属
中锉	0.2~0.5	0.05~0.2	$Ra6.3\sim12.5$	半精加工
细锉	0.05~0.2	0.01~0.05	$Ra3.2\sim6.3$	精加工或加工硬金属
油光锉	0.025~0.05	0.005~0.05	$Ra1.6\sim3.2$	精加工或修光表面

阅读与思考：

1）找出表 2-3 所列规格锉刀，测量出相应尺寸数值并记录。

表 2-3　锉刀尺寸测量练习

规格	锉刀全长 /mm	锉刀宽度 /mm	锉刀圆弧半径 /mm	锉刀相邻边夹角 /（°）	锉刀厚度 /mm
250mm 扁锉			—		
150mm 三角锉			—		
200mm 半圆锉					
150mm 圆锉		—		—	—

2）使用刀口形直尺测量 250mm 扁锉工作平面，看一看该面是否平直，为什么？

3）观察锉刀舌表面的颜色，是否与锉刀其他部分的颜色相同，为什么？

四、锉刀的维护保养

1）新锉刀要先使用其中一面，用钝后再使用另一面，以延长其使用寿命。

2）粗锉时应充分使用锉刀的有效全长，这样既可提高锉削效率，又可避免锉齿局部磨损减少使用寿命。

3）锉刀上不可以沾污油或者水，否则会引起锉削时打滑或锈蚀。

4）锉刀使用中，特别是用完后，用钢丝刷顺锉纹刷去嵌入齿槽内的金属碎屑，以免生锈腐蚀和降低锉削效率。

5）不能用锉刀锉毛坯件的硬皮、氧化皮及已经淬硬的表面，否则锉纹很容易变钝而丧失锉削能力。

6）铸件表面如有硬皮，应先用砂轮磨去或用旧锉刀有锉纹的侧边锉掉硬皮，然后再锉削。

7）锉刀不能与工件、工具或其他锉刀堆放在一起，以免破坏锉纹。

技能准备

完成图 2-32 所示图样的平面锉削任务。

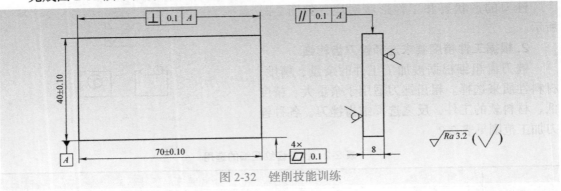

图 2-32　锉削技能训练

一、锉刀的握法

（1）大锉刀（规格在 200mm 以上）的握法　用右手握锉刀柄，柄端顶住掌心，拇指放在柄的上部，其余手指满握锉刀柄。左手在锉削时起扶稳锉刀、辅助锉削加工的作用。

2-11　锉刀的握法

（2）中型锉刀（规格在200mm左右）的握法　右手握法与大锉刀的握法一致，左手只需用拇指、食指、中指轻轻扶持锉刀即可。

（3）较小锉刀（规格在150mm左右）的握法　右手食指靠近锉刀边，拇指与其余各指握锉刀柄，左手只需食指、中指轻按在锉刀上面即可。

（4）小锉刀（规格在150mm以下）的握法　只需右手握锉刀，食指压在锉刀面上，拇指与其余各指握住锉刀柄。

各种锉刀的握法如图2-33所示。

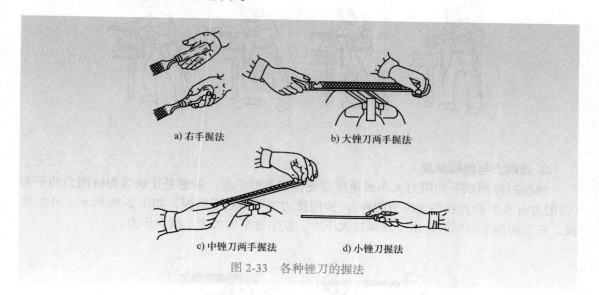

a）右手握法　　　　　　b）大锉刀两手握法

c）中锉刀两手握法　　　　d）小锉刀握法

图2-33　各种锉刀的握法

二、锉削姿势

正确的锉削姿势能够减轻疲劳，提高锉削质量和效率。

1. 锉削站立位置

锉削时，操作者站立在台虎钳左斜侧，左脚跨前半步，两腿自然站立。左臂弯曲，右小臂与工件锉削面的前后方向保持平行，如图2-34所示。

2-12　锉削的姿势

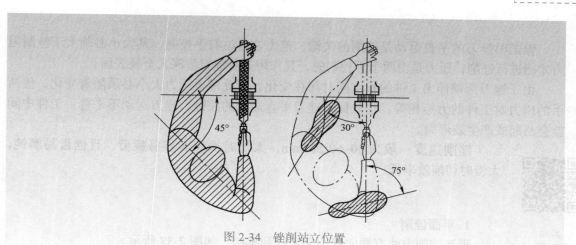

45°　　30°　　75°

图2-34　锉削站立位置

2. 锉削动作过程

锉削的动作过程就是推锉和回锉的过程，在推锉时身体向前倾斜10°左右，右肘尽量收缩，最初1/3行程时，身体前倾至15°左右，左膝稍有弯曲；锉至2/3行程时，右肘向前推进锉刀，身体逐渐倾斜至18°左右；锉至最后1/3行程时，右肘继续推进锉刀，身体随锉削时的反作用力自然退回至15°左右，如图2-35所示。

图2-35　锉削动作过程

3. 锉削力与锉削速度

锉削时控制双手的用力大小和速度要使锉削表面平直，关键是正确掌握锉削力的平衡（锉削力有水平推力和垂直压力两种）。锉削推力主要由右手掌握，如图2-36所示。开始阶段，右手向前推的同时，由小逐渐加大压力，左手逐渐由大变小减少压力。

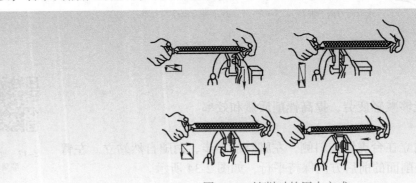

图2-36　锉削时的用力方式

锉削时锉刀的平直运动是锉削的关键。推力主要由右手控制，其大小必须大于锉削阻力才能进行锉削；压力是由两个手控制的，其作用是使锉刀齿深入金属表面。

由于锉刀两端伸出工件的长度随时都在变化，因此两手压力大小必须随着变化，使两手的压力对工件的力矩相等，这是保证锉刀平直运动的关键。锉刀运动不平直，工件中间就会凸起或产生鼓形面。

锉削速度一般为30~60次/min，太快时操作者容易疲劳，且锉齿易磨钝，太慢时切削效率低。

三、锉削方法

1. 平面锉削

平面锉削方法有顺向锉、交叉锉和推锉，如图2-37所示。

2-13
顺向锉法

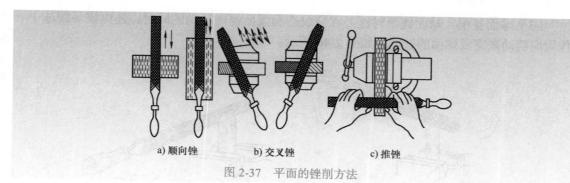

a) 顺向锉　　　b) 交叉锉　　　c) 推锉

图 2-37　平面的锉削方法

（1）顺向锉　顺向锉是锉刀顺着一个方向锉削的运动方法。它具有锉痕清晰、美观和表面粗糙度值较小的特点，适用于小平面和粗锉后的锉削。在锉削宽平面时，为使整个加工表面能均匀锉削，每次退回锉刀时在横向适当移动。

（2）交叉锉　交叉锉是从两个以上不同方向交替交叉锉削的方法，锉刀运动方向与工件装夹方向成 30~40° 角。它具有锉削平面度好的特点，但表面粗糙度值稍大，且纹路交叉。锉刀与工件接触面大，锉刀易掌握且平稳。交叉锉可以根据工件锉面上锉痕判断锉面的高低情况，可更容易锉出准确的平面，一般适用于粗锉和锉削平面。

（3）推锉　推锉是双手横握锉刀往复锉削的方法。当锉削余量较小、工件平面狭长或采用顺向锉削受阻时，可采用推锉法。

2. 曲面锉削

（1）凸圆弧面锉削　凸圆弧面一般采用扁锉顺着圆弧的方向锉削，如图 2-38 所示。在锉刀向前运动的同时，还应绕工件的圆弧中心摆动。摆动时，右手把锉刀柄往下压，左手把锉刀前端向上提，这样锉出的圆弧面不会出现棱边。

（2）凹圆弧面锉削　凹圆弧一般采用圆锉或半圆锉进行锉削，如图 2-39 所示。锉削时，锉刀要同时完成三个运动，向前、向左或者向右移动以及绕锉刀中心线转动（按顺时针或逆时针转动约 90°）。三种运动须同时进行才能完成凹圆弧的锉削。

2-14
交叉锉法

2-15　推锉法

2-16　顺锉法
锉削圆弧面

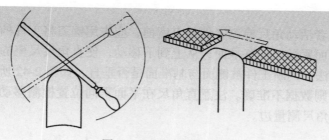

图 2-38　凸圆弧面锉削

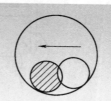

图 2-39　凹圆弧面锉削

（3）球面锉削　球面锉削时锉刀在完成凸圆弧面锉削运动的同时，还应该环绕球中心作周向摆动来完成球面的锉削，如图2-40所示。

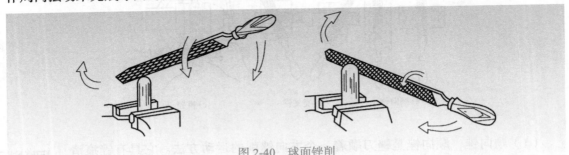

图2-40　球面锉削

四、锉削面的质量检测

1. 平面质量检测

2-17　检验锉削表面平面度

平面质量可使用刀口形直尺进行检验，如图2-41所示。将刀口形直尺放在锉削完成的工件表面上（图2-41a），沿纵向、横向、对角线方向多处逐一通过透光法检测（图2-41b），若不透光或微弱透光则该平面是平直的，反之该面不平，如图2-41c所示。注意刀口形直尺在平面上移动时，不能在平面上拖动，以免磨损刀口形直尺测量边。

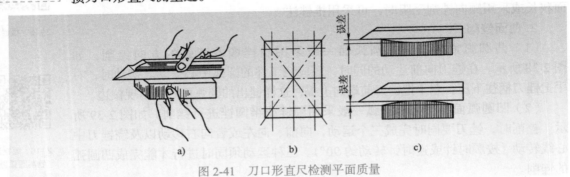

a)　　　　　　　　b)　　　　　　　　c)

图2-41　刀口形直尺检测平面质量

2. 直角尺检测

使用直角尺或者活动角尺检测工件垂直度前，应先用锉刀将工件的锐边倒钝。检测时将直角尺尺座测量面紧贴工件基准面，从上到下移动，使直角尺尺座的测量面与工件被测面接触，通过透光法，判断工件被侧面与基准面是否垂直，如图2-42所示。检测时，直角尺不可以斜放，否则数据不准确。注意直角尺在平面不同位置检测移动时，不能在平面上拖动，以免磨损直角尺测量边。

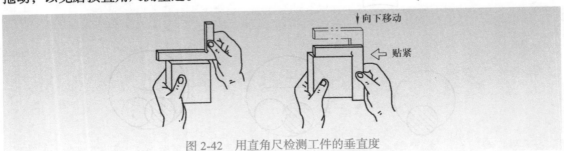

图2-42　用直角尺检测工件的垂直度

3.锉削质量分析

（1）工件尺寸锉小的原因　划线不准确；锉削时未及时测量；测量有误差。

（2）平面中凸、塌边、塌角的原因　操作不熟练，用力不均匀，不能使锉刀平衡；锉刀选用不当或锉刀中间凹；左手或右手施压时重心偏于一侧；工件未装夹正或施压的锉刀扭曲变形；锉刀在锉削时左右移动不均匀。

2–18　锉削质量分析

（3）表面粗糙度差的原因　精锉时未采取好的措施；粗锉时锉痕太深，精锉时余量过小，无法锉除原有锉痕；切屑嵌在锉纹中未及时清除，拉毛表面。

（4）工件表面夹伤的原因　装夹已加工面时没有采用软钳口；夹紧力过大。

技能训练

活动一：教师展示锉削的步骤及注意事项，学生认真观摩学习。

活动二：根据课程布置的课程任务，利用学习的知识，完成锉削任务，锉削完成图如图2-43所示。

图2-43　锉削完成图

任务4　钻孔、扩孔与铰孔

任务目标

1.熟知标准麻花钻的结构，会判断麻花钻的刃磨质量。

2.掌握钻削、铰削时切削用量的选择。

3.掌握麻花钻的刃磨方法。

4.能熟练使用钻床进行钻孔加工。

5.掌握钻孔、扩孔、铰孔方法与步骤。

任务描述

利用任务3完成锉削后的材料，根据图2-1所示图样要求，完成$2 \times \phi 10H8$孔及M10螺纹底孔的钻削任务。

知识链接

孔是工件中常见的加工要素，合理选择孔的加工方法是钳工的一项重要基本技能。钳工中孔的主要加工方法有钻孔、扩孔、铰孔、锪孔等。

一、钻孔

用钻头在实体材料上加工圆孔的方法称为钻孔。钻孔时，工件固定不动，钻头安装在钻床主轴上，钻头的旋转运动为主运动，钻头沿轴线方向的移动为进给运动，如图 2-44 所示。

1. 麻花钻的结构

麻花钻主要由工作部分、空刀和柄部三部分组成，一般由高速钢或硬质合金钢制成，淬火后硬度为 62~68HRC。其结构如图 2-45 所示。

图 2-44　钻孔加工

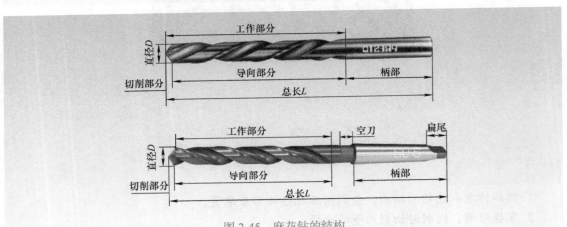

图 2-45　麻花钻的结构

（1）工作部分　工作部分是钻头的主要切削部分，由切削部分和导向部分组成。切削部分主要起到切削作用，导向部分在钻削时起到引导钻削方向和修光孔壁的作用。

（2）空刀　空刀是工作部分和柄部的连接部分，一般用于标注钻头的规格、材料和标号。

（3）柄部　柄部是钻头的夹持部分，传递转矩和轴向力，使钻头的轴线保持正确的位置。柄部有直柄和锥柄两种，直柄一般用于直径小于 ϕ13mm 的钻头，直径在 ϕ13mm 以上的一般为锥柄。

2. 麻花钻的切削部分

麻花钻的切削部分由两条主切削刃、两个前面、两个主后面、两个副后面、一条横刃和一条副切削刃组成，如图 2-46 所示。

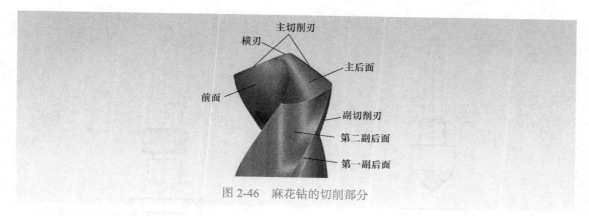

图 2-46　麻花钻的切削部分

3. 钻削加工切削用量

钻削用量包括切削速度、进给量和背吃刀量三要素。

（1）切削速度 v　钻孔时钻头主切削刃外边缘处的线速度计算公式为

$$v = \frac{\pi Dn}{1000} \text{ (m/min)}$$

式中，D 是钻头直径（mm）；n 是钻头转速（r/min）。

（2）进给量 f　主轴每转一转，钻头沿轴线的相对移动量，单位为 mm/r。

（3）背吃刀量 a_p　切削速度指已加工表面与待加工表面之间的垂直距离，钻孔加工中 $a_p=D/2$（mm），D 为钻头直径。

二、扩孔

把已有的孔扩大和在孔的端面或边缘加工成各种形状的浅孔，实际中通常采用锪钻进行加工。各种锪钻都是属于多刃刀具（三个以上切削刃）。

（1）扩孔锪钻　将已有的孔扩大，对于要求精度较高的孔来说，用麻花钻是不适宜的。因为它没有准确的导向，容易扩偏；而扩孔用的锪钻，如图 2-47 所示，有较多的切削刃，没有横刃，工作时能保证扩孔的方向正确，并使工件的加工面光滑。锪孔的余量可参考表 2-4。

图 2-47　扩孔锪钻

表 2-4　钻孔留给锪孔的余量　　　　　　　　　　　　（单位：mm）

钻孔直径	15~24	25~35	36~45	46~55
锪孔余量	1.0	1.5	2.0	2.5

（2）圆锥形埋头锪钻　用来锪螺钉或铆钉锥形的埋头孔。常见的圆锥形埋头锪钻的顶角为 60°、75°、90°、120° 等，其刀齿一般为 6~12 个，如图 2-48 所示。

（3）圆柱形埋头锪钻　主要是用来锪螺钉柱形埋头孔的。在锪钻的切削部分前端带有导柱，用以保持原有孔和埋头孔同心，如图 2-49 所示。

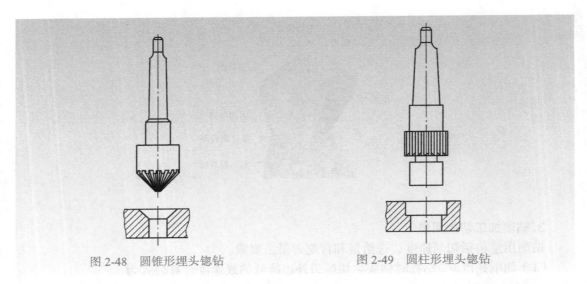

图 2-48　圆锥形埋头锪钻　　　　　　　　图 2-49　圆柱形埋头锪钻

（4）端面锪钻　它的特点是仅在端面上有切削刃，用以专门锪与孔垂直的平面，如图 2-50 所示。

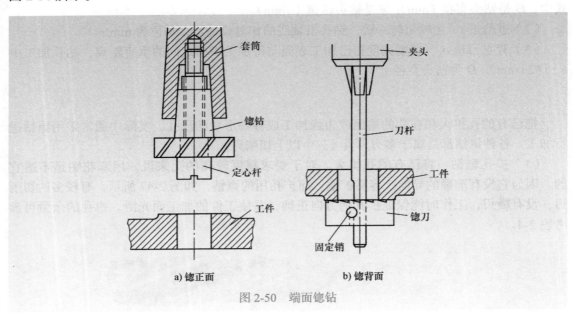

a) 锪正面　　　　　　　　　　　b) 锪背面

图 2-50　端面锪钻

三、铰孔

铰孔是精加工之一。当孔的公差等级在 IT7 级或 IT7 级以上时，要获得较准确的孔，在钻、锪孔后，还要进行铰孔。铰孔用的刀具是铰刀。

铰刀的种类很多，根据使用的方式，可分为手用铰刀和机用铰刀；根据所加工孔的形状，则可分为圆柱形铰刀和圆锥形铰刀。此外，还可以根据直径的调节情况等进行分类。

1. 铰刀的结构

铰刀：由切削部分、修光部分、空刀、柄部等组成，如图 2-51 所示。

2-20　铰刀的
切削特点

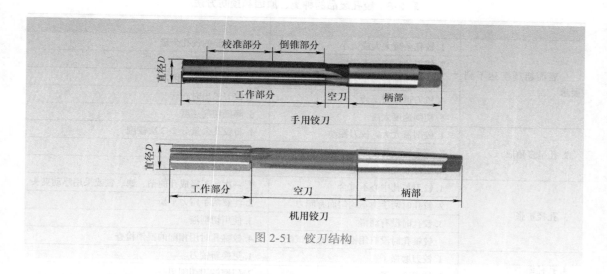

图 2-51　铰刀结构

（1）切削部分　铰刀的切削部分稍有斜度，目的是便于铰刀放进孔中，保护切削刃。由于铰刀是切下很薄切屑的光整加工刀具，因此，铰刀刀齿的前角为 0°，起着刮削的作用，精铰后的孔，表面光洁。对于精度要求更高的孔，可以把铰刀的正前角改为负前角，即 $\gamma = -5° \sim 0°$。这样，孔壁表面粗糙度值可达 $Ra0.8\mu m$。

（2）修光部分　主要起引导铰刀工作方向、修光孔壁的作用，可作为铰刀的备磨部分。修光部分后半部有倒锥，用以减小铰刀对孔壁的摩擦和孔的扩张量，手铰刀的倒锥为 0.005~0.008mm。

（3）空刀　加工刃面的退刀槽。

（4）柄部　手用铰刀的柄部为圆柱形，并有方头以备装铰刀手柄；机用铰刀尾部有锥柄和锥体，其作用与钻柄相同。

2. 铰削余量选择

铰孔加工时，铰削余量对铰出孔的表面粗糙度和精度影响很大。如果余量太大，孔表面会粗糙，且铰刀容易磨损；如果铰削余量太小，则不能完全去除上道工序留下的刀痕，也达不到要求的表面粗糙度。具体余量数值可参照表 2-5 选取。

表 2-5　铰孔余量选择　　　　　　　　　　　（单位：mm）

铰孔直径	铰削余量
≤ 6	0.05~0.1
> 6~18	0.1~0.2
> 18~30	0.2~0.3
> 30~50	0.3~0.4

3. 铰孔废品产生的原因和预防方法

铰削余量选择不当、操作上的疏忽大意、铰刀的用钝以及刃口缺损等原因，都会造成铰孔加工出废品。铰孔废品的种类、原因和预防方法，见表 2-6。

表 2-6 铰孔废品的种类、原因和预防方法

废品种类	废品原因	预防方法
1. 表面粗糙度达不到要求	1. 铰孔余量太大或太小	1. 留必要的铰孔余量
	2. 铰刀的切削刃不尖锐	2. 修磨切削刃
	3. 不用切削液或用不合适的切削液	3. 选择适宜的切削液
	4. 铰刀退出时反转	4. 铰刀退出时顺转
	5. 切削速度太高	5. 降低切削速度
2. 孔呈多角形	1. 铰削量太大，铰刀振动	1. 将铰孔余量分 2~3 次铰削
	2. 铰孔前钻孔不圆	2. 铰孔前进行镗孔
	3. 工件装夹太紧而造成变形	3. 选择适宜的夹紧力
3. 孔径扩张	1. 铰刀与孔中心不重合	1. 一次加工完成孔的钻、镗、铰或采用浮动夹头
	2. 铰孔时两手力不均匀而有侧力	2. 注意两手用力平衡
	3. 铰孔时没有润滑	3. 使用切削液
	4. 铰锥孔时没有用锥销检查或试配	4. 铰锥孔时用相配的锥销检查
4. 孔径缩小	1. 铰刀磨损了	1. 更换新铰刀
	2. 铰刀磨钝了	2. 研磨铰刀切削刃

知识拓展

2-21 麻花钻的修磨方法

在切削过程中钻头也逐渐被磨损。刃磨钻头的目的，就是把钻头磨损的切削部分恢复正确的几何形状，以保持良好的切削性能；或者为了适应加工不同性质的材料，而相应地改变钻头的几何形状。生产实践说明：钻头的刃磨质量直接关系到钻孔质量（精度和表面粗糙度）和切削效率。因此，必须十分重视钻头的刃磨。

（1）钻头的刃磨部分和要求

1）顶角大小。顶角的大小应视被加工材料的性质而定。顶角大，容易出现钻孔歪斜，既多耗动力，切削效率也低；如果顶角过小，切削刃强度不够，钻头就容易磨钝或折断。所以，最好用样板检验。

2）切削刃的长度应相等并呈直线形。两个切削刃的长度和钻头中心轴线组成的两个角度必须相等，否则将出现单刃切削，钻出的孔不但会大于钻头直径，而且容易折断钻头，如图 2-52 所示。

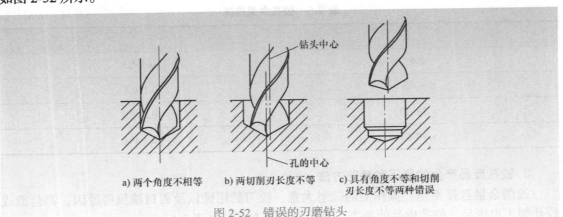

a) 两个角度不相等 b) 两切削刃长度不等 c) 具有角度不等和切削刃长度不等两种错误

图 2-52 错误的刃磨钻头

3）横刃斜角的大小。后角大小可以决定横刃斜角的大小。从横刃斜角的大小，就可以判断出后角是否正确，如图 2-53 所示。横刃斜角（ϕ）一般为 55°。

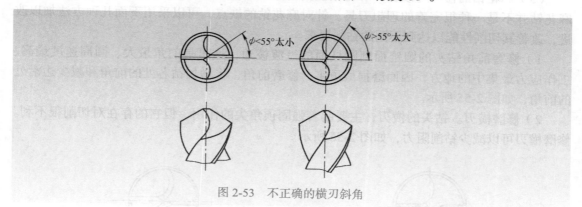

图 2-53 不正确的横刃斜角

（2）手工刃磨钻头的方法 刃磨钻头的时候，钻头的顶角、后角和横刃斜角是同时磨出来的。

1）刃磨前应检查砂轮，如发现砂轮表面不平整或跳动厉害，必须进行修整，以保证钻头刃磨质量。选择砂轮的粒度为 F46~F80，砂轮粒度的粗细可以影响磨削速度的快慢。同样的转速，在粗砂轮上磨，钻头磨得深，磨屑掉得快；在细砂轮上磨，钻头磨得浅，磨屑掉得较慢。

2）用一手握住钻柄，钻芯放在另一手上，如图 2-54 所示。

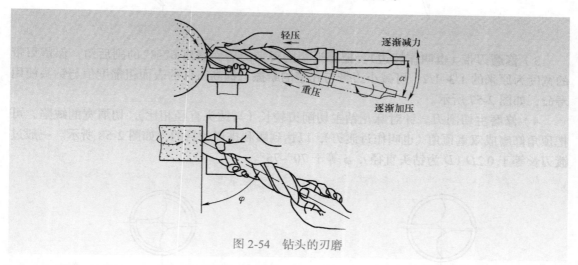

图 2-54 钻头的刃磨

3）用握钻芯的手撑在砂轮工件托架上以支持钻身，钻头和砂轮斜交约 59°。在工件托架比砂轮中心线低时钻尖要向上。刃磨时钻尾不能高出砂轮水平面，否则磨出负后角，钻头正转便会钻不进工件。

4）钻头的主切削刃应在水平方向上放平，使主切削刃平行或略高于砂轮表面，钻尾作上下运动的同时，应使钻头绕轴线作微量转动。

5）刃磨时，必须要经常把钻头浸入切削液中冷却，以防止切削部分过热退火。

6）刃磨完毕，应仔细检查钻头两主切削刃是否对称、长度是否等长，并用标准样板检查钻头的各个角度。

（3）麻花钻的修磨与改良 麻花钻和其他钻头比，既有优点，也有缺点。普通构造的麻花钻并不是一种很完善的理想刀具。针对麻花钻的缺点，可以采用下面几种方法加以改进，改善其切削性能以达到不同的钻削要求。

1）修磨前角钻头的圆锥面到圆柱面的过渡棱边，这里是前角最大、圆周速度最高、工作应力最集中的地方，因而磨损最厉害。修磨前角，将增加钻芯处的前角和减少边沿处的前角，如图 2-55 所示。

2）修磨横刃。钻头的横刃，主要起着强固顶角尖的作用，但它的存在对切削很不利。修磨横刃可以减少钻削阻力，如图 2-56 所示。

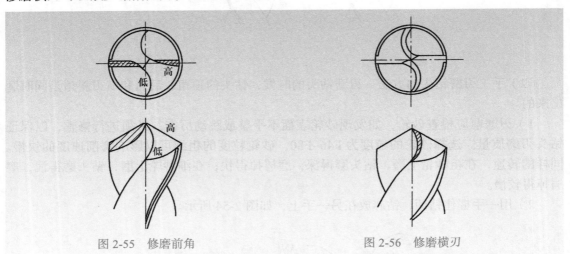

图 2-55　修磨前角　　　　　　　　　　　图 2-56　修磨横刃

3）修磨刃带（也叫作棱边）。把靠近切削刃带的后面磨出 6°~8° 的副后角，保留刃带的宽度为原来的 1/3~1/2，可减小刃带与孔壁的摩擦，提高工件的表面粗糙度值与钻头使用寿命，如图 2-57 所示。

4）修磨主切削刃。针对麻花钻主切削刃较长（与钻头直径相比），切屑宽的缺陷，可把顶角修磨成双重顶角（也叫作过渡刃），以达到顺利排屑的目的，如图 2-58 所示。一般过渡刃长等于 0.2D（D 为钻头直径），ϕ 等于 70°~75°。

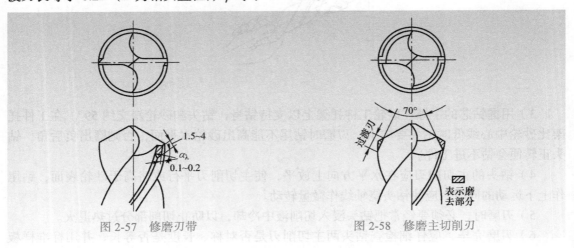

图 2-57　修磨刃带　　　　　　　　　　　图 2-58　修磨主切削刃

技能准备

如图 2-59 所示，完成梯形样板圆弧形凹槽排料孔钻削任务。

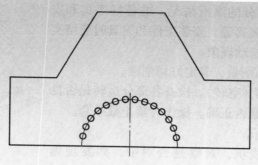

图 2-59 钻孔技能训练

1. 钻孔时工件的装夹方法

1）机用虎钳：用来装夹平整的工件，如图 2-60a 所示。

2）V 形铁：主要用来装夹圆柱形工件，如图 2-60b 所示。

3）垫铁螺栓和压板：主要用来装夹块状工件，如图 2-60c 所示。

4）直角铁：用来装夹要加工两个相互垂直通孔的工件，如图 2-60d 所示。

5）手虎钳：用来装夹小型工件和薄板工件，如图 2-60e 所示。

6）自定心卡盘：用来装夹圆柱形工件，如图 2-60f 所示。

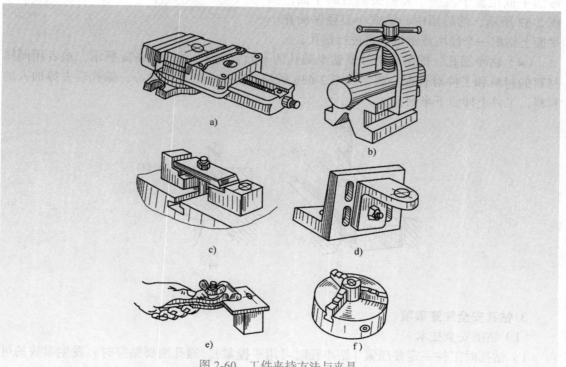

图 2-60 工件夹持方法与夹具

2. 钻孔操作

（1）钻孔前的准备工作

1）钻孔前，要划出孔径的中心线和圆圈，并在中心和圆圈处打出样冲眼。

2）检查钻床传动部分的润滑情况，准备好工具和安装工件用的工夹具等。安装工件和刀具时要结实牢固，不能有松动现象。

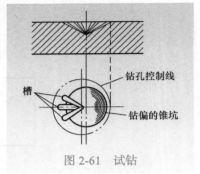
图 2-61 试钻

3）选择切削量，确定好切削液。

4）试运转（空转）。检查各部分运转是否良好和刀具安装是否正确。操作时禁止戴手套。

（2）钻通孔

1）试钻浅坑，观察是否对中，如发现偏心，应该及时校正。可用錾槽法校正，如图 2-61 所示。

2）开放切削液进行钻孔。钻孔时要注意：

① 当材料较硬或要钻较深的孔时，在钻孔过程中要经常将钻头退出孔外排除切屑，以防止切屑卡死、扭断钻头。

② 即将钻透时，必须减小进给量，使用自动进给的，应改为手动进给。

③ 要钻的孔直径超过 30mm 时应分两次钻削。先用直径较小的钻头钻一个小孔，然后再扩孔，这样可避免横刃的损坏和减小轴向力。

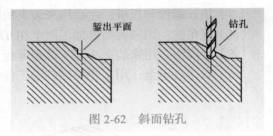
图 2-62 斜面钻孔

（3）斜面钻孔　先在钻孔的斜面上用机械削平或用錾子錾一个和钻头垂直的平面，如图 2-62 所示，然后用中心钻或小直径钻头在小平面上钻出一个浅坑或锥坑，再进行钻孔。

（4）钻半圆孔　把两个工件要钻半圆孔的平面合起来，如图 2-63a 所示，或者用同样材料的衬料和工件对合在一起，如图 2-63b 所示，在接合处找出中心，钻孔后去掉加入的衬料，工件上即留下半圆孔。

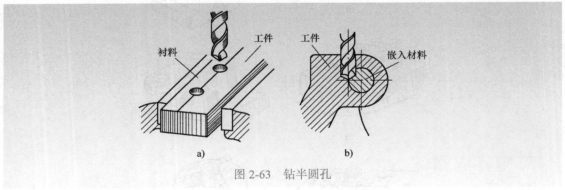
图 2-63 钻半圆孔

3. 钻孔安全注意事项

（1）钻削安全技术

1）钻孔时工件一定要压紧（钻小孔时可用手捏紧）。通孔刚要钻穿时，发生事故的可能性最大。这时转矩特别大，如工件没压紧或没捏紧，工件随着转起来就要出事故。

2）钻孔时不准戴手套，手也不能触碰切屑，以免不小心被切屑钩住旋转，出人身事故。切屑不断，不准用手去拉。要切屑断，只要把钻头退出一些或暂停自动进给即可。钻铸铁和黄铜时，不要用嘴去吹切屑，以免切屑粉末飞入眼睛。需要时应抬起钻头用刷子把切屑扫开。

3）钻孔时，工作台面上不准放置刀具、量具及其他物品。钻通孔时，工件下面必须垫上垫块或把钻头对正工作台空档，以免损坏工作台。机床未停前不准去揑钻夹头。松、紧钻夹头时必须用钥匙，不准用锤子或其他东西敲打。钻头从锥套中退出时一定要用镶条敲出。

（2）钻孔时的废品及防止方法　钻孔时，由于钻头刃磨不良，钻削用量选择不当，钻头装夹不好等一系列原因，都会给生产带来不良的效果，见表 2-7、表 2-8。

表 2-7　钻孔时的废品及预防方法

废品形式	产生原因	预防方法
钻孔呈多角形	1. 钻头后角太大 2. 两切削刃有长有短，角度不对称	正确刃磨钻头
孔径大于规定尺寸	1. 钻头刃磨不正确 2. 钻头摆动	1. 正确刃磨钻头 2. 消除钻头摆动
孔壁粗糙	1. 钻头不锋利 2. 后角太大 3. 进给量太大 4. 冷却不足，切削液润滑性差	1. 磨锐钻头 2. 减小后角 3. 减小进给量 4. 选用润滑性好的切削液
钻孔位置偏移或歪斜	1. 工件表面与钻头不垂直 2. 钻头横刃太长 3. 钻床主轴与工作台不垂直 4. 进给时过于急躁 5. 工件装夹不紧 6. 没有先开动电动机使钻头旋转 7. 钻出的定位孔没有定到位	1. 正确安装工件 2. 磨短横刃 3. 检查钻床主轴的垂直度 4. 进给不要太快 5. 工件要夹牢 6. 先旋转钻头再对准划线或样冲眼 7. 使用分中棒定位或使用定心工具定中心时，旋转主轴，定心工具要打表。正确找正并夹牢工件

表 2-8　钻头折断的原因和预防方法

损坏形式	损坏原因	预防方法
工作部折断	1. 用钝钻头工作 2. 进给量太大 3. 钻屑塞住钻头的螺旋槽 4. 钻孔刚穿透时，由于进刀阻力迅速降低，而突然增加了进给量 5. 工件松动 6. 没有使钻头旋转就进给	1. 磨锐钻头 2. 减小进给量，合理提高切削速度 3. 钻深孔时，钻头退出几次，以排出切屑 4. 在钻孔即将钻穿时，减小进给量 5. 将工件可靠地固定 6. 先旋转钻头再进给
切削刃迅速磨损	1. 切削速度过高 2. 钻头刃磨角度与工件硬度不适应	1. 降低切削速度 2. 根据工件硬度选择钻头刃磨角

技能训练

活动一：教师展示钻孔、扩孔、铰孔的步骤及注意事项，学生认真观摩学习。

活动二：根据课程布置的课程任务，利用学习的知识，完成钻孔、扩孔及铰孔任务，钻孔、扩孔及铰孔完成图如图 2-64 所示。

图 2-64　钻孔、扩孔及铰孔完成图

任务 5　錾　　削

任务目标

1. 了解錾削工具及掌握錾削工具的使用方法。
2. 掌握錾削的操作要领。
3. 掌握錾削方法及注意事项。

任务描述

本次课使用的材料是任务 4 完成钻孔后的材料，完成图 2-65 所示工件的圆弧形凹槽的錾削任务。

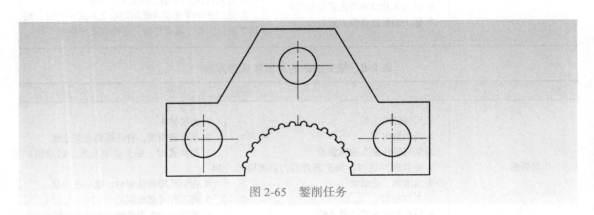

图 2-65　錾削任务

知识链接

1. 錾子

錾子是錾削工件的工具，用碳素工具钢成形后再经过刃磨和热处理而成，由头部、切削部分及錾身三部分组成。钳工常用錾子如图 2-66 所示。

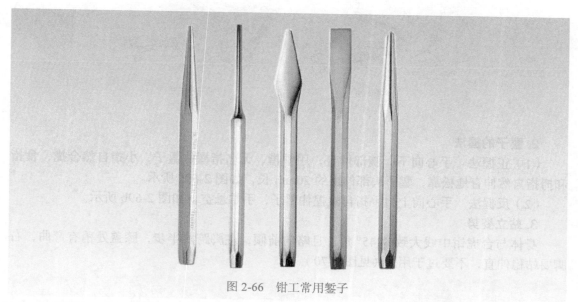

图 2-66　钳工常用錾子

2. 锤子

锤子是钳工常用的敲击工具，由锤头、木柄和楔子组成，如图 2-67 所示。锤头用碳素工具钢 T7 钢经热处理淬硬而成，规格有 0.25kg、0.46kg、0.69kg、0.92kg 等。

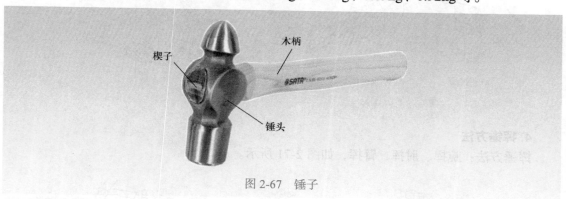

木柄

楔子

锤头

图 2-67　锤子

技能准备

一、錾削工具的使用方法

1. 锤子的握法

（1）紧握法　用右手五指紧握锤柄，拇指合在食指上，虎口对准锤头方向（木柄椭圆的长轴方向），木柄尾端露出 15 ~ 30mm 长。在挥锤和锤击过程中，五指始终紧握，如图 2-68a 所示。

（2）松握法　只用拇指和食指始终握紧锤柄。在挥锤时，小指、无名指、中指则依次放松；在锤击时，又以相反的次序收拢握紧，如图 2-68b 所示。这种握法的优点是手不易疲劳，且锤击力大。

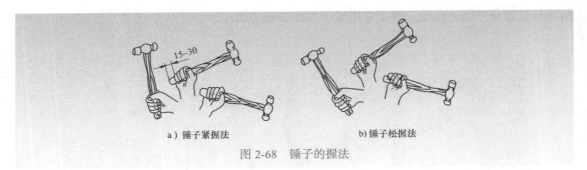

a）锤子紧握法　　　　　　　　　　b)锤子松握法

图 2-68　锤子的握法

2. 錾子的握法

（1）正握法　手心向下，腕部伸直，用中指、无名指握住錾子，小指自然合拢，食指和拇指自然伸直地松靠，錾子头部伸出约 20mm 长，如图 2-69a 所示。

（2）反握法　手心向上，手指自然捏住錾子，手掌悬空，如图 2-69b 所示。

3. 站立姿势

身体与台虎钳中线大致成 45° 角，且略向前倾，左脚跨前半步，膝盖处稍有弯曲，右脚要站稳伸直，不要过于用力（见图 2-70）。

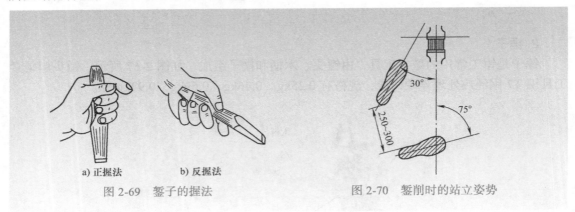

a) 正握法　　　b) 反握法

图 2-69　錾子的握法

图 2-70　錾削时的站立姿势

4. 挥锤方法

挥锤方法：腕挥、肘挥、臂挥，如图 2-71 所示。

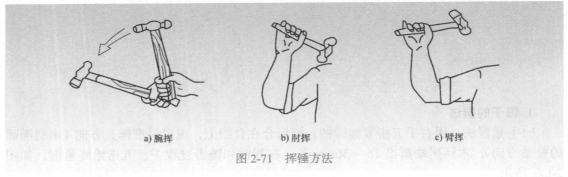

a)腕挥　　　　　　b)肘挥　　　　　　c)臂挥

图 2-71　挥锤方法

5. 锤击速度

錾削时的锤击要稳、准、狠，动作要有节奏，肘挥 40 次 /min 左右，腕挥约 50 次 /min。

6. 锤击要领

（1）挥锤　肘收臂提，举锤过肩；手腕后弓，三指微松，锤面朝天，稍停瞬间。

（2）锤击　目视錾刃，臂肘齐下，收紧三指，手腕加劲，锤錾一线，锤走弧形；左脚着力，右脚伸直。

二、錾削方法

1.錾削平面

錾削平面主要使用扁錾，起錾时，一般都应从工件的边缘尖角处着手，称为斜角起錾，如图 2-72a 所示。从尖角处起錾时，由于切削刃与工件的接触面小，故阻力小，只需轻敲，錾子即能切入材料。当需要从工件的中间部位起錾时，錾子的切削刃要抵紧起錾部位，錾子头部向下倾斜，使錾子与工件起錾端面基本垂直，如图 2-72b 所示，然后再轻敲錾子，这样能够比较容易地完成起錾工作，这种起錾方法叫作正面起錾。

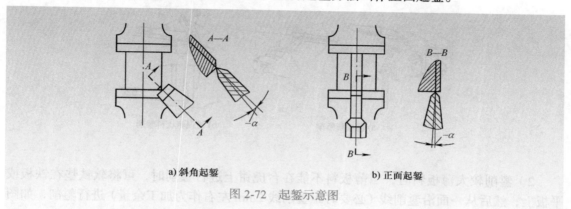

a) 斜角起錾　　　　　　b) 正面起錾

图 2-72　起錾示意图

当錾削快完成时，必须调头錾削余下的部分，否则极易使工件的边缘崩裂，如图 2-73a 所示。当錾削大平面时，一般应先用狭錾间隔开槽，再用扁錾錾去剩余部分，如图 2-73b 所示。錾削小平面时，一般采用扁錾，使切削刃与錾削方向倾斜一定角度，如图 2-73c 所示，目的是将錾子稳定住，防止錾子左右晃动而使錾出的表面不平。

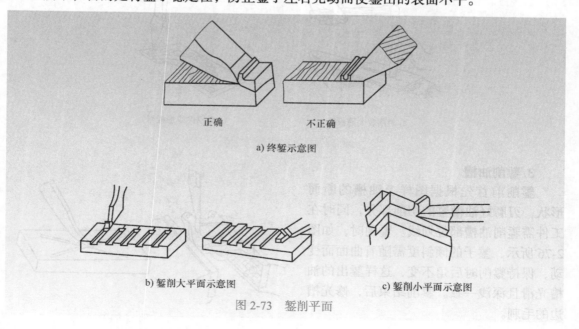

正确　　　　　　　不正确

a) 终錾示意图

b) 錾削大平面示意图　　　　　　　c) 錾削小平面示意图

图 2-73　錾削平面

凿削余量一般为 0.5~2mm。余量太小，錾子易滑出；而余量太大，凿削太费力，且不易将工件表面凿平。

2. 凿削板料

在没有剪切设备的情况下，可用凿削的方法分割薄板料或薄板工件，常见的有以下几种情况：

1）将薄板料牢固地夹持在台虎钳上，凿削线与钳口平齐，然后用扁錾沿着钳口并斜对着薄板料（约成 45°角）自右向左凿削，如图 2-74a 所示。凿削时，錾子的刃口不能平对着薄板料凿削，否则凿削时不仅费力，而且由于薄板料的弹动和变形，造成切断处产生不平整或撕裂，形成废品。图 2-74b 所示为错误薄板料凿削的方法。

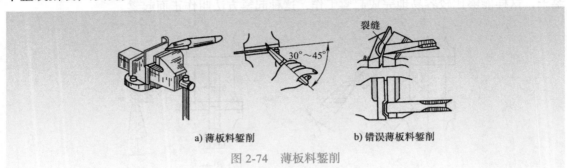

a) 薄板料凿削   b) 错误薄板料凿削

图 2-74　薄板料凿削

2）凿削较大薄板料时，当薄板料不能在台虎钳上进行凿削时，可将软铁垫在铁板或平板上，然后从一面沿凿削线（必要时距凿削线 2mm 左右作为加工余量）进行凿削，如图 2-75a 所示。

3）凿削形状较为复杂的薄板工件时，当工件轮廓线较复杂的时候，为了减少工件变形，一般先按轮廓线钻出密集的排孔，然后利用扁錾、尖錾逐步凿削，如图 2-75b 所示。

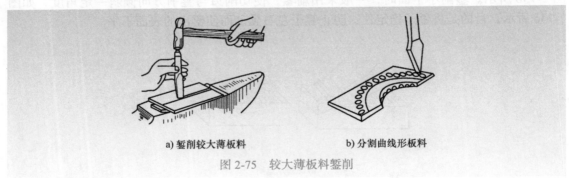

a) 凿削较大薄板料   b) 分割曲线形板料

图 2-75　较大薄板料凿削

3. 凿削油槽

凿削前首先根据图样上油槽的断面形状，刃磨好油槽錾的切削部分，同时在工件需凿削油槽部位划线。凿削时，如图 2-76 所示，錾子的倾斜度需随着曲面而变动，保持凿削时后角不变，这样凿出的油槽光滑且深浅一致。凿削结束后，修光槽边的毛刺。

图 2-76　凿削油槽

技能训练

活动一：教师展示錾削的步骤及注意事项，学生认真观摩学习。

活动二：根据课程布置的课程任务，利用学习的知识，完成錾削任务，錾削完成图如图 2-77 所示，锉削完成图如图 2-78 所示。

图 2-77　錾削完成图

图 2-78　锉削完成图

任务 6　攻　螺　纹

任务目标

1. 了解攻螺纹工具的结构、性能及攻螺纹前底孔直径的计算方法。
2. 能正确使用螺纹加工的工具。
3. 掌握攻螺纹的方法与技巧。

任务描述

利用任务 5 完成后的材料，根据图 2-1 所示图样要求，完成 M10 螺纹孔的加工任务。

知识链接

攻螺纹：用丝锥在孔中切削出内螺纹的操作。

一、攻螺纹工具

（1）丝锥　用来加工内螺纹的刀具（见图 2-79）。其种类按牙型分有普通三角形螺纹丝锥（M6 ～ M24 丝锥 2 支一套）、圆柱管螺纹丝锥、圆锥管螺纹丝锥；按用途分有机用丝锥和手用丝锥。

图 2-79　丝锥的组成

（2）铰杆　用来夹持丝锥的工具（见图 2-80），分为普通铰杆和丁字铰杆两类，还可分为固定式和活动式两种。

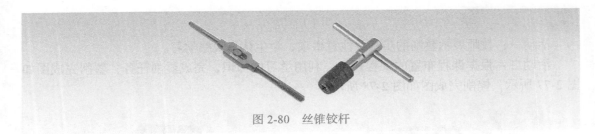

图 2-80　丝锥铰杆

二、攻螺纹螺纹底孔尺寸的确定

攻螺纹螺纹底孔直径的确定：确定螺纹底孔直径的大小要根据工件的材料性质、螺纹直径的大小来考虑。

经验公式：

1）脆性材料：$D_底=D-1.05P$。

2）韧性材料：$D_底=D-P$。

式中，$D_底$ 是底孔直径（mm）；D 是螺纹公称直径（mm）；P 是螺距（mm）。

　　例　某 45 钢板需攻 M12、M12×1 两种规格螺纹，求各自螺纹底孔直径。

　　解　45 钢属韧性材料，故 M12 底孔直径为

$$D_底=D-P=12mm-1.75mm≈10.3mm$$

M12×1 螺纹属细牙螺纹，其螺距为 1mm，故其螺纹底孔直径为

$$D_底=D-P=12mm-1mm=11mm$$

阅读与思考：

丝锥属定尺寸刀具，其尺寸规格已经标准化，其尺寸规格主要以螺纹的公称直径与螺纹的螺距两个参数表示，使用前应确认丝锥规格。常见丝锥规格型号见表 2-9，请根据丝锥规格型号计算螺纹底孔尺寸。

表 2-9　常见螺纹规格及底孔尺寸　　　　　　（单位：mm）

规格	M4	M5	M6	M8	M10	M12	M14	M16	M18
螺距	0.7	0.8	1	1.25	1.5	1.75	2	2	2.5
底孔直径									

技能准备

根据图 2-81 所示图样的要求，完成 M12、M12×1、M8、M8×1 和 4 个 M6 螺纹孔加工。

2-23　丝锥铰
杠攻螺纹

攻螺纹方法：

1）划螺纹孔中心线，钻螺纹底孔。

2）螺纹底孔的孔口倒角。

3）用头锥起攻。

4）当丝锥切削部分全部进入工件时，靠丝锥作自然旋进切削，并经常倒转 1/4~1/2 圈，使切屑碎断后容易排出。

5）攻螺纹时，必须以头锥、二锥顺序攻削，切忌用力过大，扭断丝锥。

6）攻韧性材料的螺纹孔时，要加切削液，以减小切削阻力，减小加工螺纹的表面粗

糙度值和延长丝锥寿命。

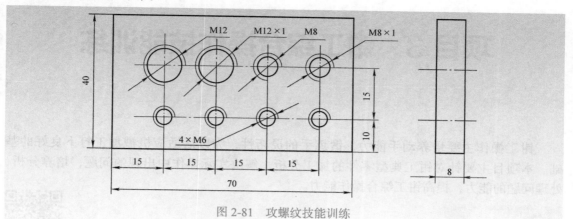

图 2-81　攻螺纹技能训练

攻螺纹的过程如图 2-82 所示。

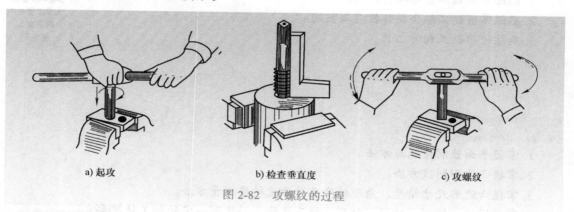

a) 起攻　　　　　　　　b) 检查垂直度　　　　　　　c) 攻螺纹

图 2-82　攻螺纹的过程

技能训练

活动一：教师展示攻螺纹的步骤及注意事项，学生认真观摩学习。

活动二：根据课程布置的课程任务，利用学习的知识，完成攻螺纹任务，攻螺纹完成图如图 2-83 所示。

图 2-83　攻螺纹完成图

项目3 钳工综合操作技能训练

钳工操作主要培养动手能力，锻炼手的灵巧性，为以后适应机械加工打下良好的基础。本项目主要针对钳工典型零件的加工分析，解决实际操作中出现的问题，培养分析、处理问题的能力，提高钳工综合操作能力。

项目目标

1. 熟练掌握钳工基础操作技能。
2. 熟练掌握钳工综合操作技能与技巧。
3. 熟练使用钳工相关工具。

任务1 六边体制作

任务目标

1. 掌握平面锉削技能与方法。
2. 掌握六边形划线方法。
3. 掌握六边形尺寸精度、角度精度及对称度精度测量方法。
4. 掌握划线、锯削、锉削、钻孔、铰孔技能，并达到一定的加工精度要求。

任务描述

根据图3-1所示图样要求，使用钳工操作技能完成工件的加工，工件毛坯为85mm×85mm×8mm的Q235钢板。

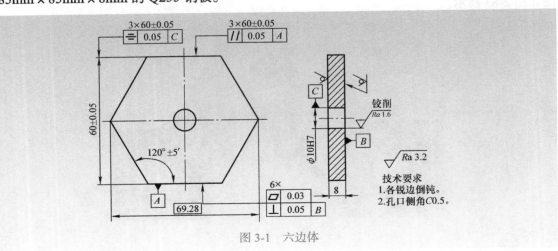

图3-1 六边体

任务分析

该工件外形为正六边形，主要结构为平面和圆孔，工件厚度为 8mm，此厚度尺寸方向两平面不需要加工。

工件中心为 ϕ10H7 圆孔，表面粗糙度值为 Ra1.6μm，为该工件的基准孔，采用钻孔—铰孔的加工工艺方法，孔口倒 C0.5mm 角。

工件外形为正六边形，工件外形各表面粗糙度值为 Ra3.2μm，与基准面 B 的垂直度公差为 0.05mm、平面度公差为 0.03mm，相邻两面夹角为 120°±5′，对边距离为（60±0.05）mm、平行度公差为 0.05mm 且与基准孔的对称度公差为 0.05mm。

综上所述，该工件的尺寸精度、几何精度要求较高，在制作该工件时，应合理安排加工顺序，选择合适的加工基准，确保工件的所有加工精度要求。

任务实施

（1）处理毛坯　工件毛坯各锐边倒钝处理，表面除油、除锈。

（2）加工划线基准　根据图 3-1 要求加工两相互垂直基准面 I、II，保证两垂直基准面 I、II 垂直度公差 0.05mm、表面粗糙度值 Ra3.2μm，见表 3-1。

表 3-1　划线基准面加工步骤

序号	加工内容	加工要求
1	锉削基准面 I	
2	锉削基准面 II	

（3）划工件加工边界线与 ϕ10H7 孔中心线　根据图 3-1 要求，划出工件加工边界线与 ϕ10H7 孔中心线，见表 3-2。

表 3-2　划线步骤

序号	加工内容	加工要求
1	以面 I、II 为划线基准，划 ϕ10H7 孔中心线	

（续）

序号	加工内容	加工要求
2	以面 I 、II 为划线基准，划六边形外形边界线	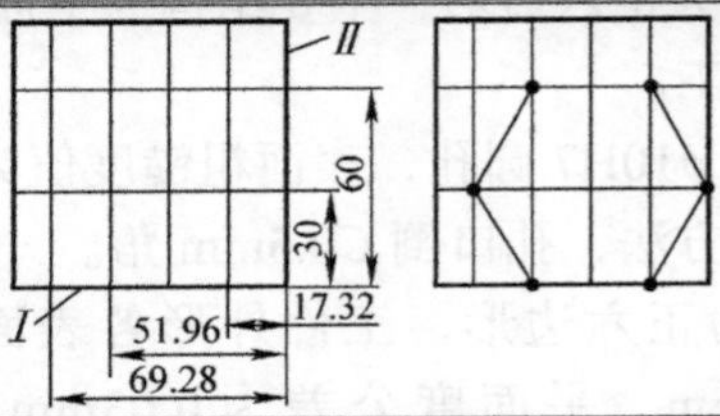

（4）钻、铰 ϕ10H7 基准孔　钻 ϕ9.8mm 底孔，铰 ϕ10H7 基准孔，保证表面粗糙度值为 Ra1.6μm，见表 3-3。

表 3-3　ϕ10H7 基准孔加工步骤

序号	加工内容	加工要求
1	钻 ϕ9.8mm 底孔	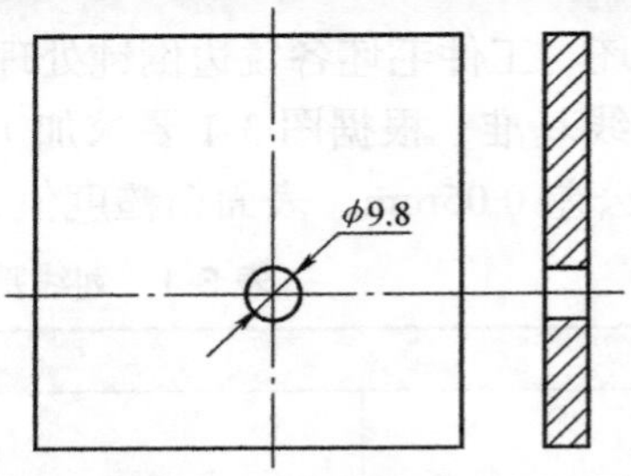
2	铰 ϕ10H7 基准孔	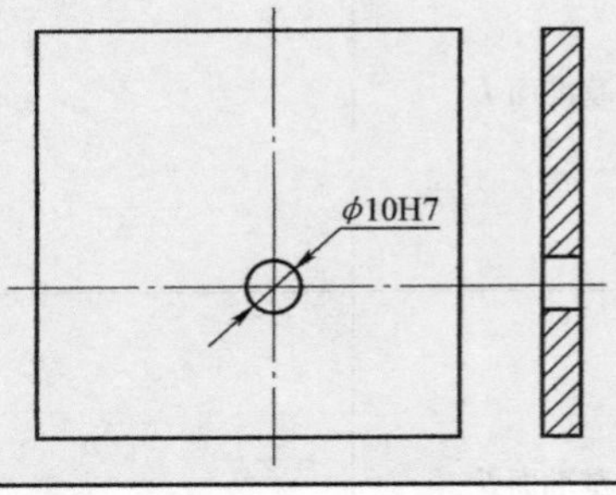

（5）锯削、锉削六边形外形　锯削、锉削六边形外形，保证工件的尺寸精度、几何精度及表面质量，见表 3-4。

表 3-4　锉削六边形的步骤

序号	加工内容	加工要求
1	以六边形轮廓为边界，使用锯削方法去除多余材料，保留锉削加工余量	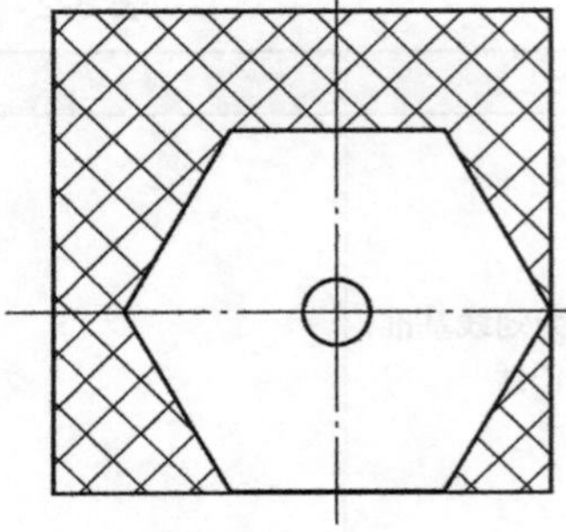

（续）

序号	加工内容	加工要求
2	以基准面 *A* 为基准，加工对边，保证该面的尺寸精度、几何精度及表面质量	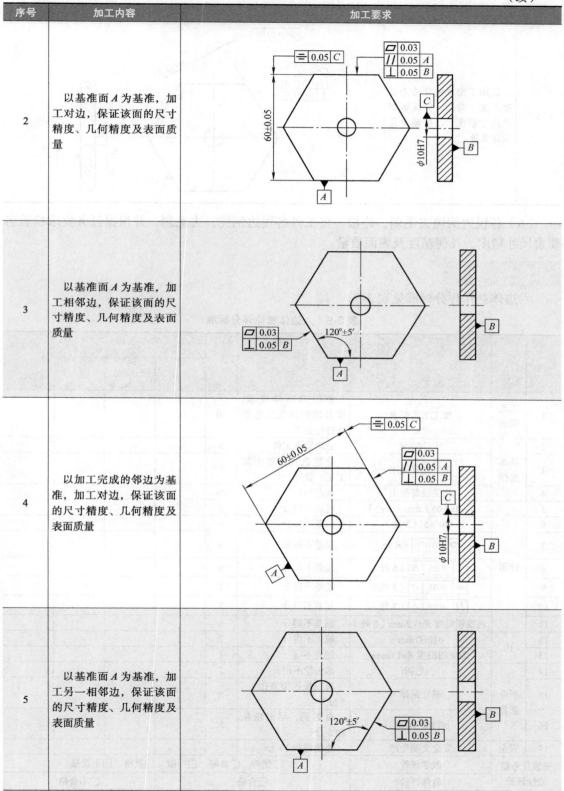
3	以基准面 *A* 为基准，加工相邻边，保证该面的尺寸精度、几何精度及表面质量	
4	以加工完成的邻边为基准，加工对边，保证该面的尺寸精度、几何精度及表面质量	
5	以基准面 *A* 为基准，加工另一相邻边，保证该面的尺寸精度、几何精度及表面质量	

（续）

序号	加工内容	加工要求
6	以加工完成的邻边为基准，加工对边，保证该面的尺寸精度、几何精度及表面质量	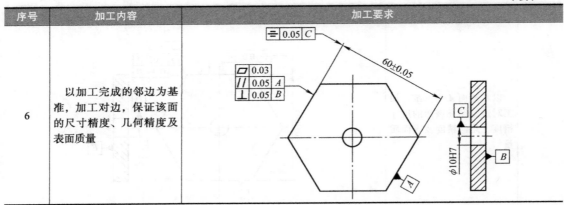

（6）各锐边倒钝去毛刺，终检　将工件各锐边倒钝，去毛刺，并根据任务要求检验各要素尺寸精度、几何精度及表面质量。

任务评价

六边体制作评分标准见表 3-5。

表 3-5　六边体制作评分标准

序号	考核内容	考核要点	评分标准	配分	学生自检结果得分	学生互检结果得分	教师检测结果得分	综合评价得分
1	工艺要求	加工工艺要求	能根据图样要求，按合理的加工工艺顺序进行加工	10				
2	基本操作	工件装夹	合理装夹工件	5				
3		工、量具选用	合理选用、使用加工工、量具	5				
4		相关设备使用	规范操作	20				
5	锉削	（60±0.05）mm（3处）	超差不得分	9				
6		120°±5′（3处）	超差不得分	9				
7		▱ 0.03（6处）	超差不得分	6				
8		⊥ 0.05 B（6处）	超差不得分	6				
9		≡ 0.05 C（3处）	超差不得分	3				
10		∥ 0.05 A（3处）	超差不得分	3				
11		表面粗糙度 Ra3.2mm（6处）	超差不得分	6				
12	孔	ϕ10H7mm	超差不得分	2				
13		表面粗糙度 Ra1.6mm	超差不得分	1				
14	职业素养	去毛刺	未去除不得分	5				
15		遵守纪律	有违反视情节扣1~5分	5				
16		迟到、早退	有迟到、早退现象扣5分	5				
17	安全	安全文明生产	违规倒扣10分					
完成任务结论性评价		教学评价	□优秀　□良好　□一般　□及格　□不及格					
		教师评价	□合格			□不合格		

任务 2　V 形块制作

任务目标

1. 掌握 45°角度平面的锉削技能与方法。
2. 掌握 V 形块制作时的划线方法。
3. 掌握 V 形块尺寸精度及角度精度测量方法。
4. 掌握划线、锯削、锉削、钻孔、铰孔技能，并达到一定的加工精度要求。

任务描述

根据图 3-2 所示图样要求，使用钳工操作技能完成工件的加工，工件毛坯为 85mm×85mm×8mm 的 Q235 钢板。

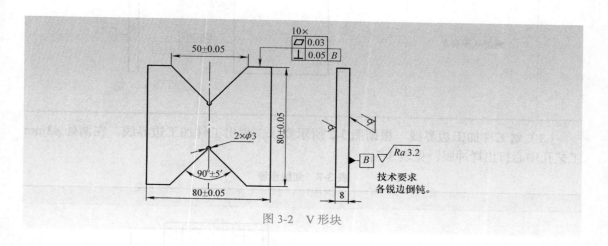

图 3-2　V 形块

任务分析

该工件为 V 形块，主要由两组 V 形槽组成，工件厚度 8mm 尺寸方向两平面不需要加工。

工件外形为正四边形，在工件的上下端各加工两组 V 形槽。要求各表面粗糙度值为 Ra3.2μm，平面度公差为 0.03mm，与基准面 B 的垂直度公差 0.05mm，两 V 形槽面的夹角为 90°±5′，V 形槽开口处距离为（50±0.05）mm，V 形槽底端各钻 φ3mm 工艺孔。该工件的尺寸精度、几何精度要求较高，在制作该工件时，应合理安排加工顺序，选择合适的加工基准，确保工件的所有加工精度要求。

任务实施

（1）处理毛坯　工件毛坯各锐边倒钝处理，表面除油、除锈。

（2）加工划线基准　见表 3-6 根据图 3-2 所示要求加工两相互垂直基准面 I、II，保证两垂直基准面 I、II垂直度公差 0.05mm、表面粗糙度值 Ra3.2μm，见表 3-6。

表 3-6 划线基准面加工步骤

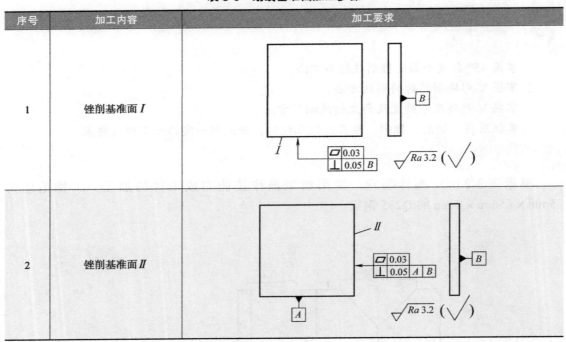

序号	加工内容	加工要求
1	锉削基准面 I	I □ 0.03 ⊥ 0.05 B √Ra 3.2 (√)
2	锉削基准面 II	II □ 0.03 ⊥ 0.05 A B B A √Ra 3.2 (√)

（3）划工件加工边界线 根据图 3-2 所示要求，划出工件加工边界线，在两处 ϕ3mm 工艺孔中心打出样冲眼，见表 3-7。

表 3-7 划线步骤

序号	加工内容	加工要求
1	以面 I、II 为划线基准，划出各线段	（图：尺寸 80、80、55、25、65、40、15，面 I、II）
2	用划针划出两 V 形口连接线，在两处 ϕ3mm 工艺孔中心打出样冲眼	（图）

（4）钻 $2 \times \phi$3mm 工艺孔 钻两处 ϕ3mm 工艺孔，见表 3-8。

表 3-8　钻工艺孔步骤

序号	加工内容	加工要求
1	钻两处 ϕ3mm 工艺孔	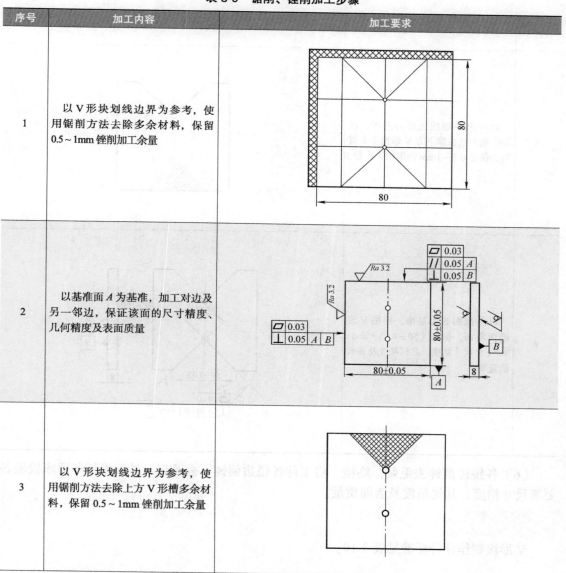

（5）锯削、锉削 V 形块外形　锯削、锉削 V 形块外形，保证工件的尺寸精度、几何精度及表面质量，见表 3-9。

表 3-9　锯削、锉削加工步骤

序号	加工内容	加工要求
1	以 V 形块划线边界为参考，使用锯削方法去除多余材料，保留 0.5～1mm 锉削加工余量	
2	以基准面 A 为基准，加工对边及另一邻边，保证该面的尺寸精度、几何精度及表面质量	
3	以 V 形块划线边界为参考，使用锯削方法去除上方 V 形槽多余材料，保留 0.5～1mm 锉削加工余量	

（续）

序号	加工内容	加工要求
4	以基准面 *B* 为基准，锉削 V 形槽两斜面，保证（50±0.05）mm、90°±5′尺寸精度、几何精度及表面质量要求	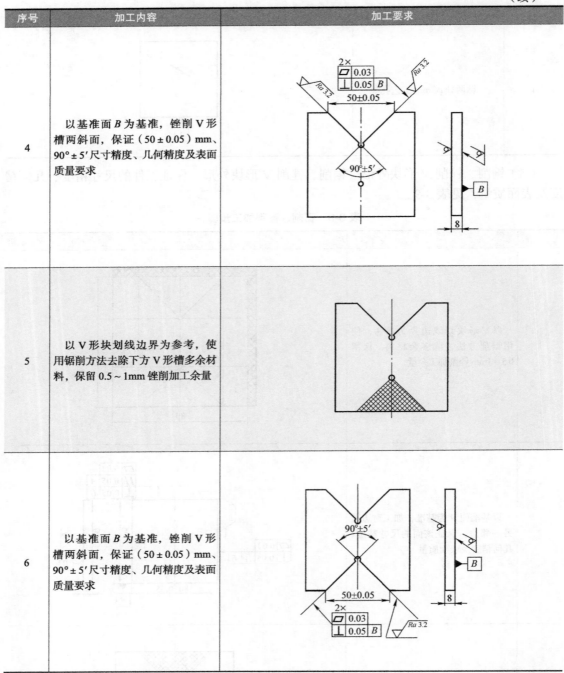
5	以 V 形块划线边界为参考，使用锯削方法去除下方 V 形槽多余材料，保留 0.5～1mm 锉削加工余量	
6	以基准面 *B* 为基准，锉削 V 形槽两斜面，保证（50±0.05）mm、90°±5′尺寸精度、几何精度及表面质量要求	

（6）各锐边倒钝去毛刺，终检　将工件各锐边倒钝，去毛刺，并根据任务要求检验各要素尺寸精度、几何精度及表面质量。

任务评价

V 形块制作评分标准见表 3-10。

表 3-10 V 形块制作评分标准

序号	考核内容	考核要点	评分标准	配分	得分			综合评价得分
					学生自检结果得分	学生互检结果得分	教师检测结果得分	
1	工艺要求	加工工艺要求	能根据图样要求，按合理的加工工艺顺序进行加工	10				
2	基本操作	工件装夹	合理装夹工件	5				
3		工、量具选用	合理选用、使用加工工、量具	5				
4		相关设备使用	规范操作	20				
5	锉削	（80 ± 0.05）mm（4 处）	超差不得分	8				
6		90° ± 5′（2 处）	超差不得分	4				
7		（50 ± 0.05）mm（2 处）	超差不得分	4				
8		▱ 0.03（10 处）	超差不得分	5				
9		⊥ 0.05 B（10 处）	超差不得分	5				
10		⊥ 0.05 A（2 处）	超差不得分	2				
11		∥ 0.05 A（1 处）	超差不得分	1				
12		表面粗糙度 Ra3.2mm（10 处）	超差不得分	10				
13	孔	ϕ3mm（2 处）	超差不得分	6				
14		去毛刺	未去除不得分	5				
15	职业素养	遵守纪律	有违反视情节扣 1~5 分	5				
16		迟到、早退	有迟到、早退现象扣 5 分	5				
17	安全	安全文明生产	违规倒扣 10 分					
完成任务结论性评价		教学评价	□优秀 □良好 □一般 □及格 □不及格					
		教师评价	□合格				□不合格	

任务 3 凸凹配合件制作

任务目标

1. 掌握配合件的加工工艺与制作方法。

2. 掌握零件对称度要求的加工方法。

3. 掌握配合件的配合间隙修配方法。

4. 掌握划线、锯削、锉削、钻孔技能，并达到一定的加工精度要求。

任务描述

根据图 3-3 所示图样要求，使用钳工操作技能完成工件的加工，工件毛坯为 85mm × 85mm × 8mm 的 Q235 钢板。

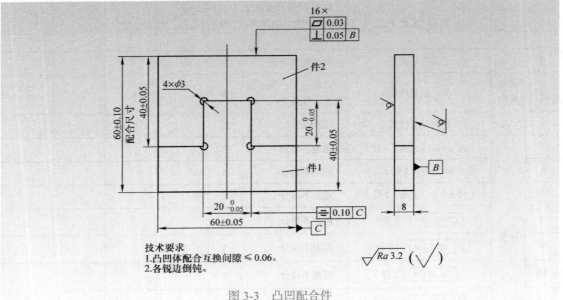

图 3-3　凸凹配合件

任务分析

该任务中有分别由件 1 和件 2 两部分组成的凸凹配合件，配合互换间隙要求 ≤ 0.06mm。此类配合件在制作时，通常先制作凸件，再以凸件为基准配作凹件。制作时应注意以下问题：

1）为了能对 20mm 凸、凹形的对称度进行测量控制，60mm 实际尺寸必须测量准确，并应取其各点实测值的平均数值。

2）为了保证 20mm 凸形两侧面相对于基准 C 的对称度，由于受到检验手段的限制，只能采用间接工艺方法保证精度要求。制作时，只能先去掉一边垂直的角，并将其加工至所要求的尺寸精度后，才能再去掉另一边的垂直角。

3）采用间接工艺方法保证 20mm 凸形两侧面的对称度要求时，必须控制好相关工艺尺寸。

4）为保证配合后的转位互换精度，在加工件 1、件 2 时，必须控制各外形面的垂直度误差，防止转位后出现较大的配合间隙。

5）修配配合间隙时，一般应以凸形件为基准，修配凹形件，以防止失去精度基准难于进行修配。

6）加工垂直面时，应防止锉刀侧面碰坏另一垂直面，可将锉刀一侧在砂轮上进行修磨，并使锉刀面的夹角略小于 90°。

任务实施

（1）备料　按表 3-11 中步骤及制作要求进行备料。

表 3-11　备料步骤

序号	加工内容	加工要求
1	毛坯处理	工件毛坯各锐边倒钝处理，表面除油、除锈
2	锉削两划线基准面	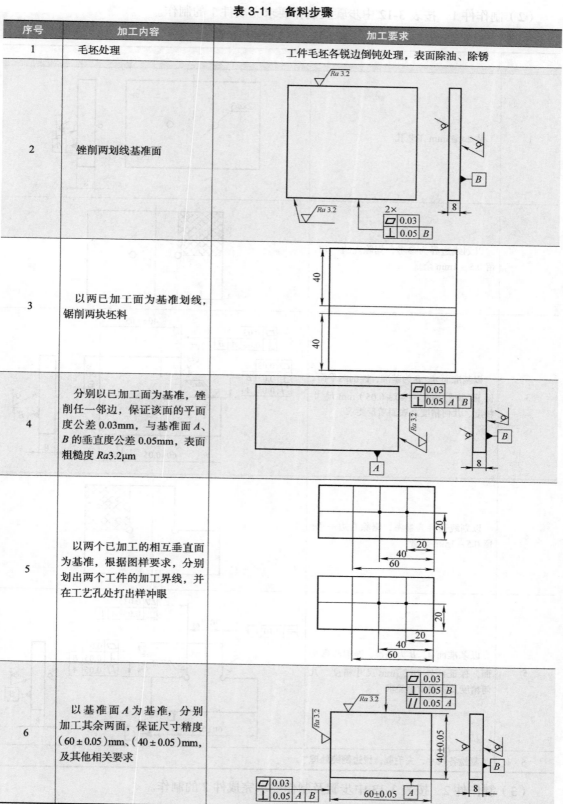
3	以两已加工面为基准划线，锯削两块坯料	
4	分别以已加工面为基准，锉削任一邻边，保证该面的平面度公差 0.03mm，与基准面 A、B 的垂直度公差 0.05mm，表面粗糙度 Ra3.2μm	
5	以两个已加工的相互垂直面为基准，根据图样要求，分别划出两个工件的加工界线，并在工艺孔处打出样冲眼	
6	以基准面 A 为基准，分别加工其余两面，保证尺寸精度（60±0.05）mm、（40±0.05）mm，及其他相关要求	

（2）制作件1　按表3-12中步骤及制作要求完成件1的制作。

表3-12　件1的制作步骤

序号	加工内容	加工要求
1	钻2×φ3mm工艺孔	
2	以划线边界为参考，锯除左边一角，留0.5～1mm余量	
3	以基准面A、B为基准，锉削两平面，保证20$_{-0.05}^{0}$mm、（40±0.05）mm尺寸精度、几何精度及表面质量要求	
4	以划线边界为参考，锯除右边一角，留0.5～1mm余量	
5	以基准面A、B为基准，锉削凸形平面，保证两处20$_{-0.05}^{0}$mm尺寸精度、几何精度及表面质量要求	
6	复检各尺寸，去毛刺，锐边倒钝处理	

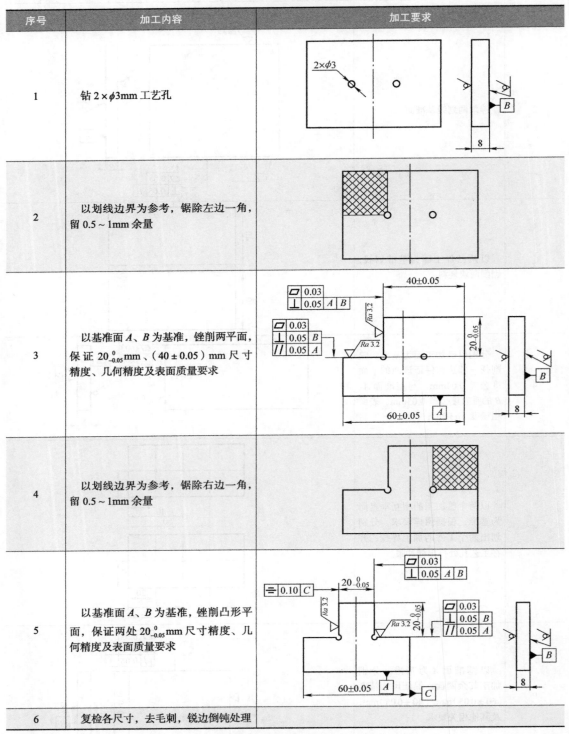

（3）制作件2　按表3-13中步骤及制作要求完成件2的制作。

表 3-13　件 2 的制作步骤

序号	加工内容	加工要求
1	钻 2×φ3mm 工艺孔，及 φ3mm 排料工艺孔	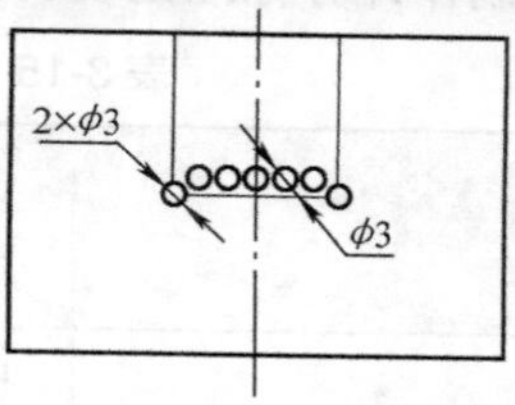
2	以划线边界为参考，利用锯削和錾削方法，去除凹槽中间部分多余材料，留 0.5~1mm 余量	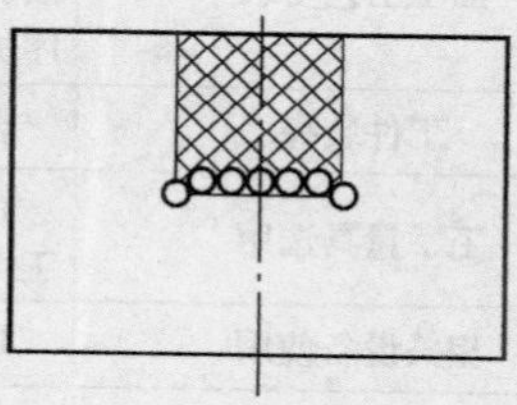
3	锉削凹槽外形 1）锉削凹槽底面 2）分别锉削凹槽两侧面，保证两侧面相对于基准 C 的对称度要求及尺寸精度要求	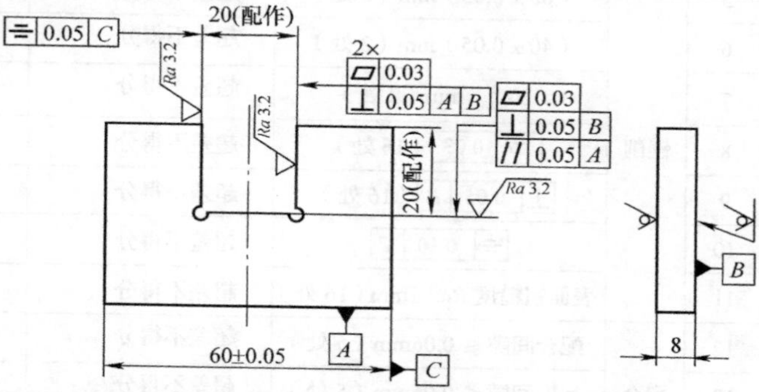
4	复检各尺寸，去毛刺，锐边倒钝处理	

（4）修配配合间隙　按表 3-14 中步骤及制作要求修配配合间隙，保证互换间隙 ≤ 0.06mm，配合后外形尺寸为（60 ± 0.10）mm。

表 3-14　修配配合间隙的步骤

序号	加工内容	加工要求
1	根据图样要求，修配配合面间隙，保证配合互换间隙 ≤ 0.06mm，配合后外形尺寸（60 ± 0.10）mm	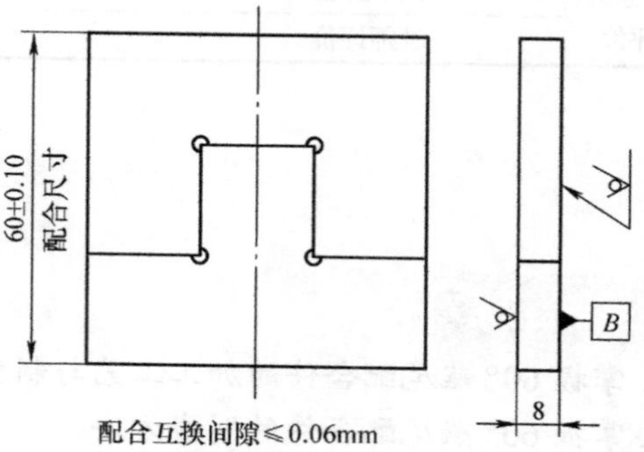
2	复检各配合面间隙、配合尺寸	

任务评价

凸凹配合件制作评分标准见表3-15。

表 3-15　凸凹配合件制作评分标准

| 序号 | 考核内容 | 考核要点 | 评分标准 | 配分 | 得分 | | | 综合评价得分 |
					学生自检结果得分	学生互检结果得分	教师检测结果得分	
1	工艺要求	加工工艺要求	能根据图样要求，按合理的加工工艺顺序进行加工	10				
2	基本操作	工件装夹	合理装夹工件	5				
3		工、量具选用	合理选用、使用加工工、量具	5				
4		相关设备使用	规范操作	20				
5	锉削	（60±0.05）mm（2处）	超差不得分	6				
6		（40±0.05）mm（2处）	超差不得分	6				
7		$20_{-0.05}^{0}$ mm（2处）	超差不得分	6				
8		▱ 0.03（16处）	超差不得分	4				
9		⊥ 0.05 B（16处）	超差不得分	4				
10		⧱ 0.10 C	超差不得分	3				
11		表面粗糙度 Ra3.2mm（16处）	超差不得分	4				
12	配合	配合间隙≤0.06mm（5处）	超差不得分	5				
13		互换间隙≤0.06mm（5处）	超差不得分	5				
14		（60±0.1）mm（2处）	超差不得分	2				
15	职业素养	去毛刺	未去除不得分	5				
16		遵守纪律	有违反视情节扣1～5分	5				
17		迟到、早退	有迟到、早退现象扣5分	5				
18	安全	安全文明生产	违规倒扣10分					
完成任务结论性评价		教学评价	□优秀　□良好　□一般　□及格　□不及格					
		教师评价	□合格			□不合格		

任务 4　燕尾配合件制作

任务目标

1. 掌握60°燕尾配合件的加工工艺与制作方法。

2. 掌握60°燕尾配合件的划线方法。

3. 掌握60°燕尾的尺寸精度及角度精度的测量方法。

4. 掌握60°燕尾配合件的配合间隙修配方法。

5. 掌握划线、锯削、锉削、钻孔技能，并达到一定的加工精度要求。

任务描述

根据图 3-4 所示图样要求，使用钳工操作技能完成工件的加工，工件毛坯为 85mm × 85mm × 8mm 的 Q235 钢板。

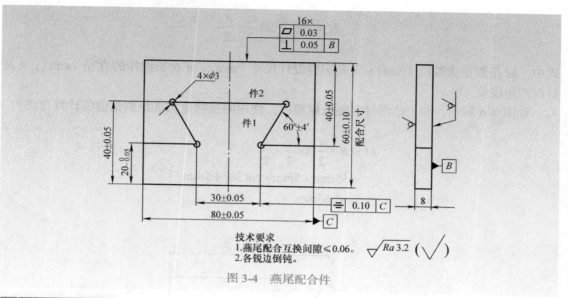

技术要求
1. 燕尾配合互换间隙≤0.06。
2. 各锐边倒钝。

图 3-4 燕尾配合件

任务分析

该工件由件 1 和件 2 两部分组成的燕尾配合件，燕尾角度为 60°，配合互换间隙要求 ≤ 0.06mm。此类配合件在制作时，应先制作凸形件，再以凸形件为基准配作凹形件。制作时应注意以下问题：

（1）30mm 凸燕尾槽形的对称度　60mm 实际尺寸必须测量准确，并应取其各点实测值的平均数值。

（2）30mm 凸燕尾槽形的两侧面相对于基准 C 的对称度　由于受到检验手段的限制，只能采用间接工艺方法保证精度要求。制作时，先去掉一边垂直的角，并将其加工至所要求的尺寸精度后，再去掉另一边垂直的角。

（3）30mm 凸燕尾槽形的尺寸精度　由于受到检验手段的限制，只能采用间接工艺方法保证精度要求，其具体工艺方法如下。

1）如图 3-5 所示，用杠杆百分表测量控制加工面 I 与基准面 A 的平行度，并用外径千分尺控制尺寸 $20_{-0.05}^{0}$mm。

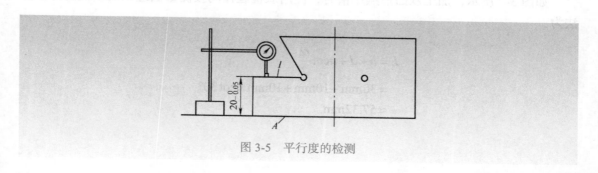

图 3-5 平行度的检测

2）利用圆柱检验棒采用间接测量法，控制边角尺寸。

① 单燕尾测量尺寸的计算。测量尺寸 M 与图样尺寸 B 及圆柱检验棒直径 d 的关系为

$$M = B + \frac{d}{2}\cot\frac{\alpha}{2} + \frac{d}{2}$$

式中，M 是测量读数值（mm）；B 是图样设计尺寸（mm）；d 是检验棒的直径（mm）；α 是斜面的角度值（°）。

如图 3-6 所示，加工凸形件左侧燕尾槽时，使用间接测量法理论测量值的计算方法为

$$\begin{aligned} M &= B + \frac{d}{2}\cot\frac{\alpha}{2} + \frac{d}{2} \\ &= 55\text{mm} + 5\text{mm} \times \cot 30° + 5\text{mm} \\ &\approx 68.66\text{mm} \end{aligned}$$

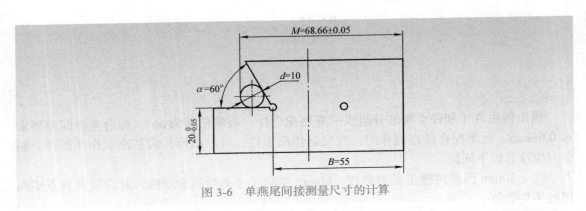

图 3-6　单燕尾间接测量尺寸的计算

② 双燕尾测量尺寸的计算。测量尺寸 L 与图样尺寸 b 及圆柱检验棒直径 d 的关系为

$$L = b + d + d\cot\frac{\alpha}{2}$$

式中，L 是测量读数值（mm）；b 是图样设计尺寸（mm）；d 是检验棒的直径（mm）；α 是斜面的角度值（°）。

如图 3-7 所示，加工双凸形燕尾槽时，使用双检验棒间接测量法理论测量值的计算方法为

$$\begin{aligned} L &= b + d + d\cot\frac{\alpha}{2} \\ &= 30\text{mm} + 10\text{mm} + 10\text{mm} \times \cot 30° \\ &\approx 57.32\text{mm} \end{aligned}$$

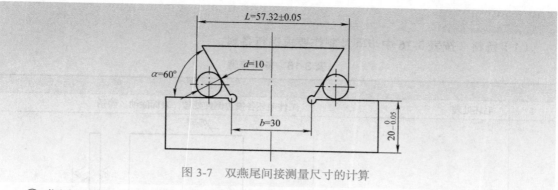

图 3-7   双燕尾间接测量尺寸的计算

③ 燕尾凹槽测量尺寸的计算。测量尺寸 A、图样尺寸 b、凹槽深度 H 及圆柱检验棒直径 d 的关系为

$$A = b + \frac{2H}{\tan\alpha} - \left(1 + \frac{1}{\tan\frac{1}{2}\alpha}\right)d$$

式中，A 是测量读数值（mm）；H 是燕尾凹槽深度（mm）；b 是图样设计尺寸（mm）；d 是检验棒的直径（mm）；α 是斜面的角度值（°）。

如图 3-8 所示，加工双凸形燕尾槽时，使用双检验棒间接测量法理论测量值的计算方法为

$$
\begin{aligned}
A &= b + \frac{2H}{\tan\alpha} - \left(1 + \frac{1}{\tan\frac{1}{2}\alpha}\right)d \\
&= 30\text{mm} + \frac{40\text{mm}}{\tan60°} - \left(1 + \frac{1}{\tan30°}\right) \times 10\text{mm} \\
&\approx 25.77\text{mm}
\end{aligned}
$$

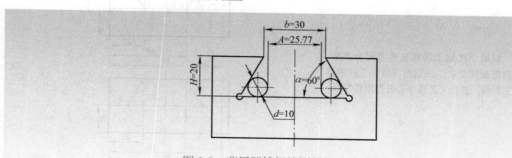

图 3-8   燕尾凹槽间接测量尺寸的计算

（4）采用间接工艺方法保证 30mm 凸燕尾槽形的两侧面的对称度   必须控制好相关工艺尺寸。

（5）为保证配合后的转位互换精度   在加工件 1、件 2 时，必须控制各外形面的垂直度误差，防止出现转位后较大的配合间隙。

（6）加工燕尾槽面时，应防止锉刀侧面碰坏另一斜面   可将锉刀一侧在砂轮上进行修磨，并使锉刀面的夹角略小于 60°。

任务实施

（1）备料　按表 3-16 中步骤及制作要求进行备料。

表 3-16　备料步骤

序号	加工内容	加工要求
1	毛坯处理	工件毛坯各锐边倒钝处理，表面除油、除锈
2	锉削两划线基准面	
3	以两已加工面为基准划线，锯削两块坯料	
4	分别以已加工面为基准，锉削任一邻边，保证该面的平面度公差 0.03mm，与基准面 A、B 的垂直度公差 0.05mm，表面粗糙度 Ra3.2μm	
5	以两个已加工的相互垂直面为基准，根据图样要求，分别划出两个工件的加工界线，并在工艺孔中心处打出样冲眼	
6	以基准面 A 为基准，分别加工其余两面，保证尺寸精度（80±0.05）mm、（40±0.05）mm，及其他精度要求	

（2）制作件 1　按表 3-17 中步骤及制作要求完成件 1 的制作。

表 3-17　件 1 的制作步骤

序号	加工内容	加工要求
1	钻 2×ϕ3mm 工艺孔	
2	以划线边界为参考，锯除左边燕尾槽的一角，留 0.5~1mm 余量	
3	以基准面 A、B 为基准，锉削燕尾平面，保证 $20_{-0.05}^{0}$mm 尺寸精度、几何精度及表面质量要求	
4	以基准面 B 为基准，锉削燕尾斜面，保证 60°±4'、（55±0.05）mm 尺寸精度、几何精度及表面质量要求	
5	以划线边界为参考，锯除右边燕尾槽的一角，留 0.5~1mm 余量	
6	以基准面 A、B 为基准，锉削燕尾平面，保证 $20_{-0.05}^{0}$mm 尺寸精度、几何精度及表面质量要求	
7	以基准面 B 为基准，锉削燕尾斜面，保证 60°±4'、（30±0.05）mm 尺寸精度、几何精度及表面质量要求	
8	复检各尺寸，去毛刺，锐边倒钝处理	

（3）制作件2　按表3-18中步骤及制作要求完成件2的制作。

表3-18　件2的制作步骤

序号	加工内容	加工要求
1	钻 2×φ3mm 工艺孔及 φ12mm 排料工艺孔	
2	以划线边界为参考，利用 φ12mm 排料工艺孔锯除燕尾槽中间部分材料，留 0.5～1mm 余量	
3	锉削燕尾槽外形 1）锉削燕尾槽底面 2）分别锉削两60°斜面，保证两斜面角度尺寸精度及两斜面相对于基准C的对称度要求	
4	复检各尺寸，去毛刺，锐边倒钝处理	

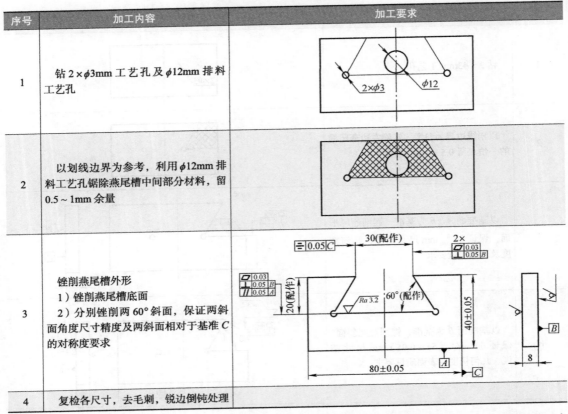

（4）修配配合间隙　按表3-19中步骤及制作要求修配配合间隙，保证互换间隙 ≤ 0.06mm，配合后外形尺寸为（60 ± 0.10）mm。

表3-19　修配配合间隙的步骤

序号	加工内容	加工要求
1	根据图样要求，修配配合面间隙，保证配合互换间隙 ≤ 0.06mm，配合后外形尺寸为（60 ± 0.10）mm	配合互换间隙≤0.06
2	复检各配合面间隙、配合尺寸	

任务评价

燕尾配合件制作评分标准见表3-20。

表 3-20　燕尾配合件制作评分标准

序号	考核内容	考核要点	评分标准	配分	得分			综合评价得分
					学生自检结果得分	学生互检结果得分	教师检测结果得分	
1	工艺要求	加工工艺要求	能根据图样要求，按合理的加工工艺顺序进行加工	10				
2	基本操作	工件装夹	合理装夹工件	5				
3		工、量具选用	合理选用、使用加工工、量具	5				
4		相关设备使用	规范操作	20				
5	锉削	（80±0.05）mm（2处）	超差不得分	4				
6		（40±0.05）mm（2处）	超差不得分	4				
7		（30±0.05）mm（2处）	超差不得分	4				
8		$20_{-0.05}^{0}$ mm（2处）	超差不得分	4				
9		60°±4′（2处）	超差不得分	4				
10		▱ 0.03（16处）	超差不得分	4				
11		⊥ 0.05 B（16处）	超差不得分	4				
12		⊟ 0.10 C	超差不得分	1				
13		表面粗糙度 Ra3.2mm（16处）	超差不得分	4				
14	配合	配合间隙≤0.06mm（5处）	超差不得分	5				
15		互换间隙≤0.06mm（5处）	超差不得分	5				
16		（60±0.10）mm（2处）	超差不得分	2				
17	职业素养	去毛刺	未去除不得分	5				
18		遵守纪律	有违反视情节扣1～5分	5				
19		迟到、早退	有迟到、早退现象扣5分	5				
20	安全	安全文明生产	违规倒扣10分					
完成任务结论性评价		教学评价	□优秀　□良好　□一般　□及格　□不及格					
		教师评价	□合格			□不合格		

任务 5　三件拼块制作

任务目标

1. 掌握镶配件的加工工艺与制作方法。

2. 掌握零件对称度的加工方法。

3. 掌握镶配件的配合间隙修配方法。

4. 掌握划线、锯削、锉削、钻孔技能，并达到一定的加工精度要求。

任务描述

根据图 3-9 所示图样要求，使用钳工操作技能完成工件的加工，毛坯为 2 块 85mm × 85mm × 8mm 的 Q235 钢板。

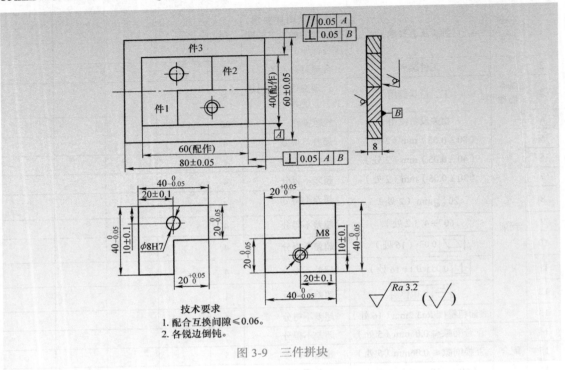

技术要求
1. 配合互换间隙≤0.06。
2. 各锐边倒钝。

图 3-9　三件拼块

任务分析

该制件由三个工件镶配而成，主要由两块形状相同的梯形件 1、件 2 镶入件 3 的矩形框中，配合互换间隙要求 ≤ 0.06mm，工件厚度 8mm 尺寸方向两平面不需要加工。

该工件的尺寸精度、几何精度要求较高，在制作该工件时，应合理安排加工顺序，选择合适的加工基准，确保工件的全部加工精度要求。

任务实施

（1）备料　按表 3-21 中步骤及制作要求进行件 3 坯料备料。

表 3-21　备料步骤

序号	加工内容	加工要求
1	毛坯处理	工件毛坯各锐边倒钝处理，表面除油、除锈
2	加工基准面 A	

（续）

序号	加工内容	加工要求
3	以基准面 *A*、*B* 为基准，加工邻边，保证平面度及垂直度精度要求	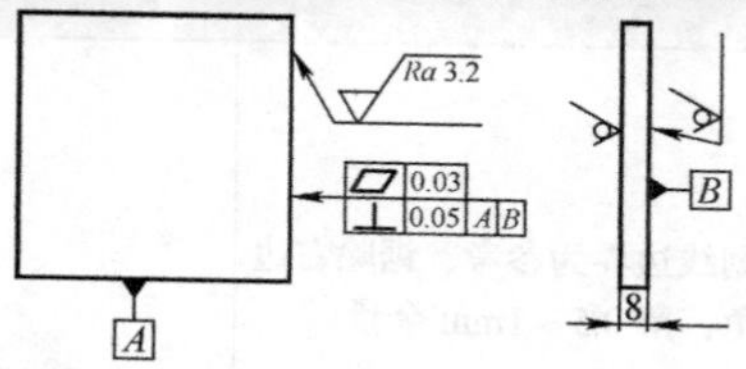
4	以两已加工面为基准划出外形加工界线	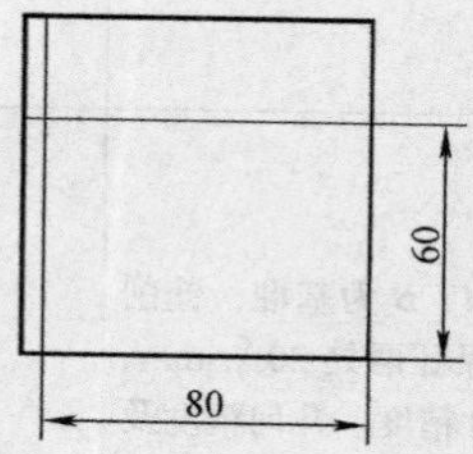
5	以基准面 *A* 为基准，分别加工其余两面，保证尺寸精度（60±0.05）mm、（80±0.05）mm，及其他精度要求	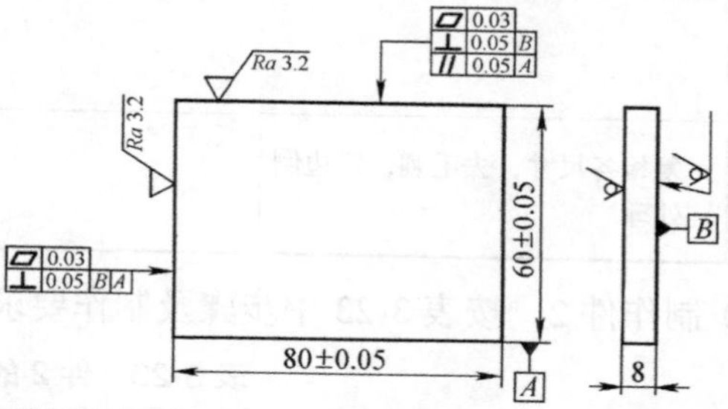

其余两块坯料按件 3 工艺步骤要求进行备料，不再赘述。

（2）制作件 1　按表 3-22 中步骤及制作要求完成件 1 的制作。

表 3-22　件 1 的制作步骤

序号	加工内容	加工要求
1	以两个已加工的相互垂直面为基准，根据图样要求，分别划出两个工件的加工界线，并在 ϕ8mm 圆孔中心打出样冲眼	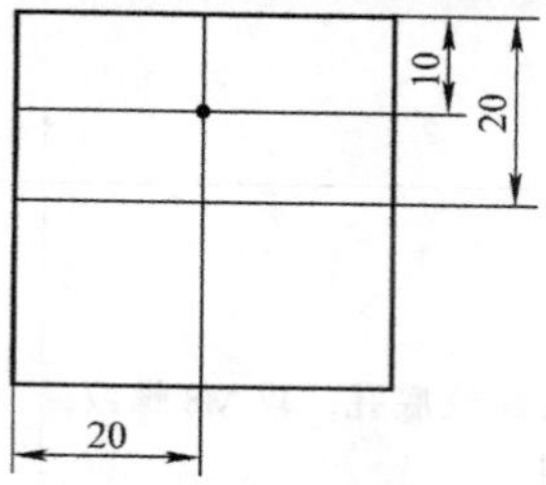
2	钻 ϕ7.7mm 底孔，铰至 ϕ8H7，保证孔距尺寸	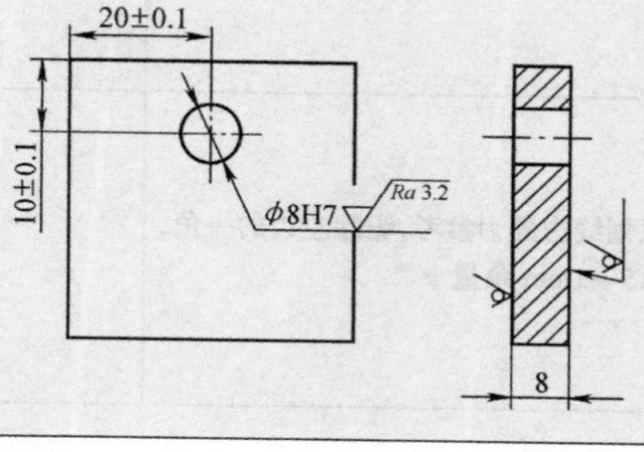

（续）

序号	加工内容	加工要求
3	以划线边界为参考，锯除右边的一角，留 0.5～1mm 余量	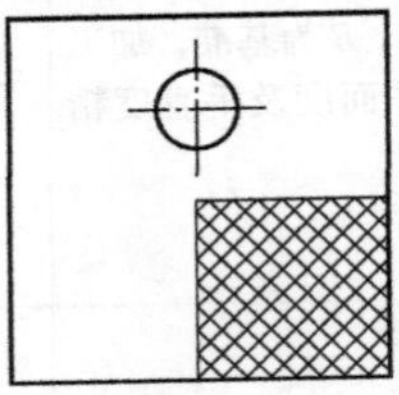
4	以基准面 A、B 为基准，锉削两垂直面，保证两处 $20_{-0.05}^{0}$mm、$20_{0}^{+0.05}$mm 尺寸精度、几何精度及表面质量要求	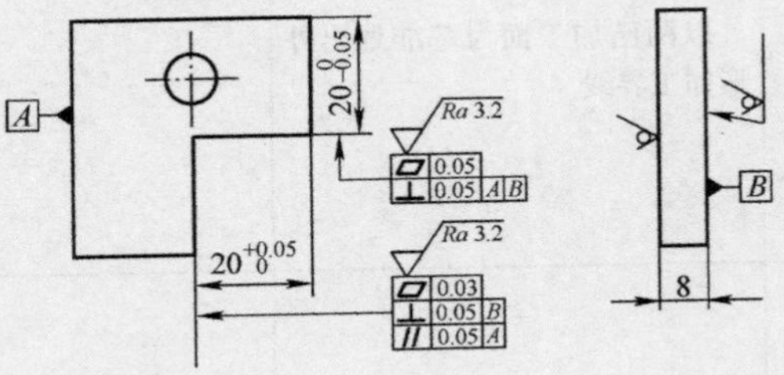
5	复检各尺寸，去毛刺，锐边倒钝处理	

（3）制作件 2　按表 3-23 中步骤及制作要求完成件 2 的制作。

表 3-23　件 2 的制作步骤

序号	加工内容	加工要求
1	以两个已加工的相互垂直面为基准，根据图样要求，分别划出两个工件的加工界线，并在 M8 螺纹孔中心打出样冲眼	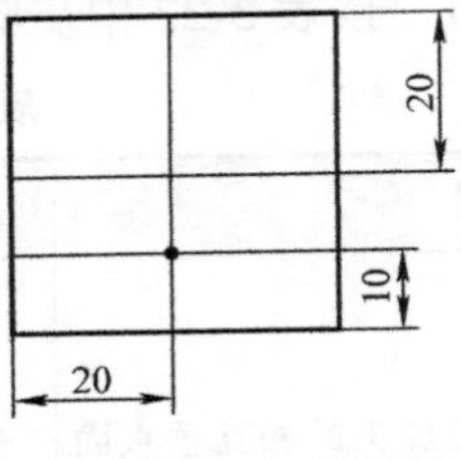
2	钻 ϕ6.7mm 螺纹底孔，攻 M8 螺纹，保证孔距尺寸	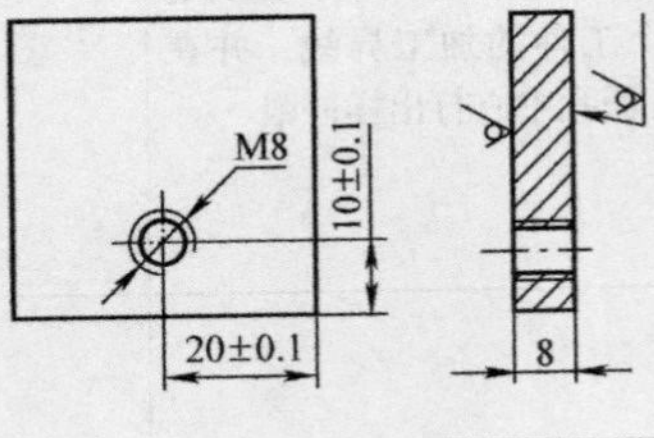
3	以划线边界为参考，锯除左边的一角，留 0.5～1mm 余量	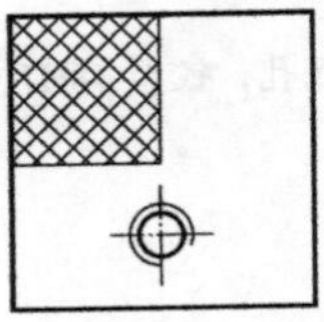

（续）

序号	加工内容	加工要求
4	以基准面 *A*、*B* 为基准，锉削两垂直面，保证两处 20 $_{-0.05}^{0}$mm、20 $_{0}^{+0.05}$mm 尺寸精度、几何精度及表面质量要求	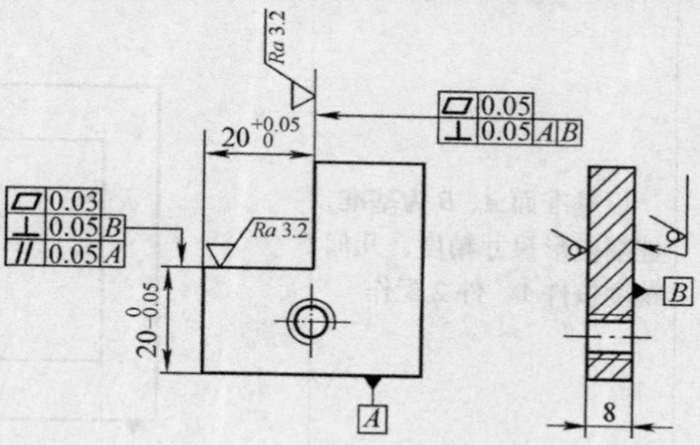
5	复检各尺寸，去毛刺，锐边倒钝处理	

（4）制作件 3　按表 3-24 中步骤及制作要求完成件 3 的制作。

表 3-24　件 3 的制作步骤

序号	加工内容	加工要求
1	以两个已加工的相互垂直面为基准，根据图样要求，划出工件的加工界线	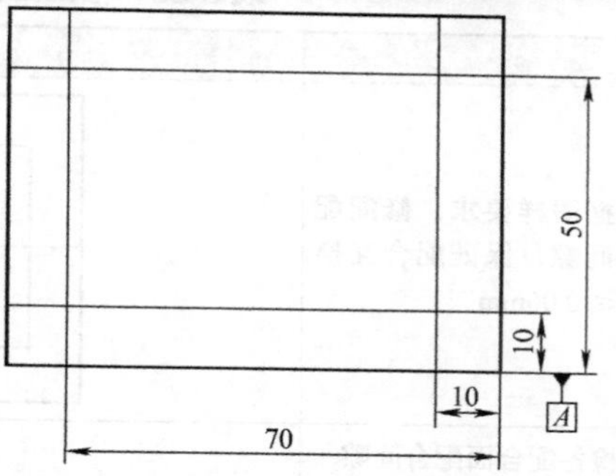
2	钻 ϕ12mm 排料工艺孔	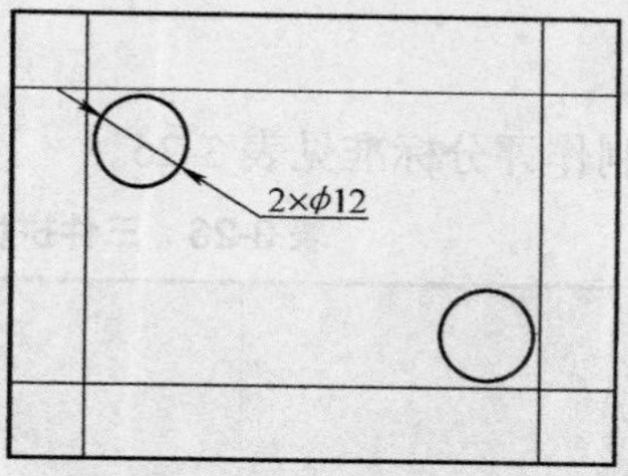
3	以划线边界为参考，锯除多余材料，留 0.5～1mm 余量	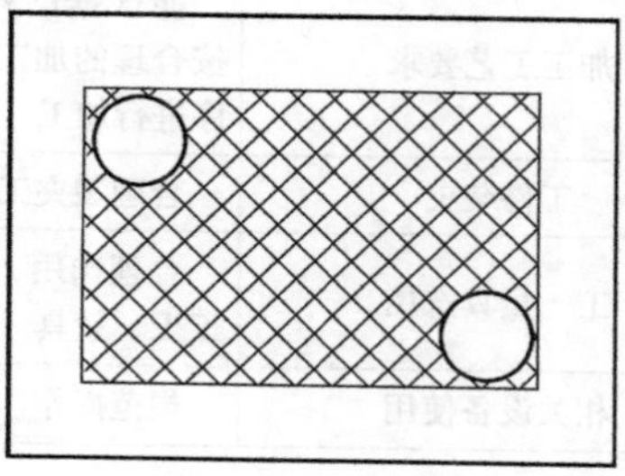

（续）

序号	加工内容	加工要求
4	以基准面 *A*、*B* 为基准，锉削内形尺寸精度、几何精度按件1、件2配作	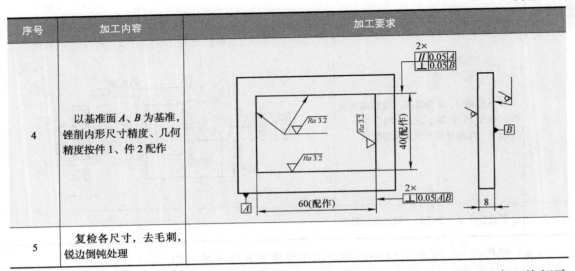
5	复检各尺寸，去毛刺，锐边倒钝处理	

（5）修配配合间隙　按表 3-25 中步骤及制作要求修配配合间隙，保证配合互换间隙 ≤ 0.06mm。

表 3-25　修配配合间隙步骤

序号	加工内容	加工要求
1	根据图样要求，修配配合面间隙，保证配合互换间隙 ≤ 0.06mm	件3　件2　件1
2	复检各配合面配合间隙	

任务评价

三件拼块件制作评分标准见表 3-26。

表 3-26　三件拼块件制作评分标准

序号	考核内容	考核要点	评分标准	配分	学生自检结果得分	学生互检结果得分	教师检测结果得分	综合评价得分
1	工艺要求	加工工艺要求	能根据图样要求，按合理的加工工艺顺序进行加工	10				
2	基本操作	工件装夹	合理装夹工件	5				
3		工、量具选用	合理选用、使用加工工、量具	5				
4		相关设备使用	规范操作	10				

（续）

序号	考核内容	考核要点	评分标准	配分	得分			综合评价得分
					学生自检结果得分	学生互检结果得分	教师检测结果得分	
5	锉削	(80 ± 0.05) mm	超差不得分	2				
6		(60 ± 0.05) mm	超差不得分	2				
7		$40_{-0.05}^{0}$ mm（4 处）	超差不得分	8				
8		$20_{-0.05}^{0}$ mm（2 处）	超差不得分	4				
9		$20_{0}^{+0.05}$ mm（2 处）	超差不得分	4				
10		表面粗糙度 $Ra3.2$ mm（20 处）	超差不得分	4				
11	孔	$\phi8H7$	超差不得分	2				
12		M8	超差不得分	2				
13		(10 ± 0.1) mm（2 处）	超差不得分	4				
14		(20 ± 0.1) mm（2 处）	超差不得分	4				
15		表面粗糙度 $Ra3.2$ mm（2 处）	超差不得分	1				
16	配合	配合间隙 ≤ 0.06mm（9 处）	超差不得分	9				
17		互换间隙 ≤ 0.06mm（9 处）	超差不得分	9				
18	职业素养	去毛刺	未去除不得分	5				
19		遵守纪律	有违反视情节扣 1~5 分	5				
20		迟到、早退	有迟到、早退现象扣 5 分	5				
21	安全	安全文明生产	违规倒扣 10 分					
完成任务结论性评价	教学评价		□优秀 □良好 □一般 □及格 □不及格					
	教师评价		□合格			□不合格		

任务 6 錾口锤子制作

任务目标

1. 掌握錾口锤子的加工工艺与制作方法。
2. 掌握立体划线方法。
3. 掌握打磨、抛光等技能方法。
4. 掌握划线、锯削、锉削、钻孔、攻螺纹等技能，并达到一定的加工精度要求。

任务描述

根据图 3-10 所示图样要求，综合应用所学钳工知识和技能，完成工件的加工，工件毛

坯为 $\phi28mm \times 105mm$ 的 Q235 圆钢。

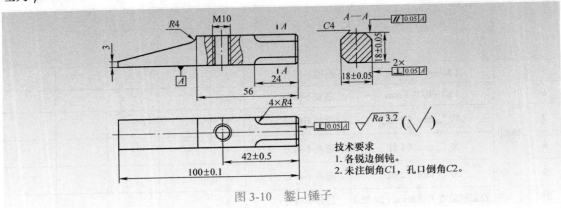

图 3-10 錾口锤子

任务实施

按表 3-27 中步骤和要求完成錾口锤子的制作。

表 3-27 錾口锤子加工步骤

序号	加工内容	加工要求
1	毛坯处理	工件毛坯各锐边倒钝处理，表面除油、除锈
2	划出基准面加工界线，锯除多余材料	
3	加工基准面 A，保证尺寸 (23 ± 0.05) mm	
4	以基准面 A 为基准，划出加工邻边的尺寸界线，锯除多余材料	
5	以基准面 A 为基准，加工邻边，保证尺寸 (23 ± 0.05) mm，及与基准面 A 的垂直度公差 0.05mm	
6	以基准面 A 为基准，加工工件右端面，保证该面与基准面 A 的垂直度公差 0.05mm	
7	以基准面 A 为基准，划出加工另一邻边的尺寸界线，锯除多余材料	

（续）

序号	加工内容	加工要求
8	以基准面 A 为基准，加工另一邻边，保证尺寸（18±0.05）mm，及与基准面 A 的垂直度要求 0.05mm	
9	以基准面 A 为基准，划出加工基准面 A 对边尺寸界线，及加工錾口部分尺寸界线，锯除多余材料	
10	以基准面 A 为基准，加工基准面 A 对边及錾口部分，保证各面的尺寸精度、几何精度及表面质量要求	
11	根据图样要求，划出其余待加工部分尺寸界线，M10 螺纹孔中心线，并在 M10 螺纹孔中心处打出样冲眼	
12	钻 ϕ8.5mm 螺纹底孔，孔口倒 C2mm 角处理 攻 M10 螺纹。保证螺纹孔中心到右端面（42±0.50）mm 尺寸要求	
13	錾口锤右端倒 C4mm 角（4处），与锤体 R4mm 圆弧过渡	
14	各锐边倒钝处理，倒 C1mm 角（8处） 各表面用砂纸打磨抛光，表面涂防锈油	

任务评价

鏨口锤子制作评分标准见表 3-28。

表 3-28　鏨口锤子制作评分标准

序号	考核内容	考核要点	评分标准	配分	得分			综合评价得分
					学生自检结果得分	学生互检结果得分	教师检测结果得分	
1	工艺要求	加工工艺要求	能根据图样要求，按合理的加工工艺顺序进行加工	10				
2	基本操作	工件装夹	合理装夹工件	5				
3		工、量具选用	合理选用、使用加工工、量具	5				
4		相关设备使用	规范操作	20				
5	锉削	（100±0.1）mm	超差不得分	3				
6		（18±0.05）mm（2处）	超差不得分	6				
7		56mm	超差不得分	3				
8		3mm	超差不得分	3				
9		24mm（4处）	超差不得分	4				
10		R4mm（5处）	超差不得分	5				
11		C4mm（4处）	超差不得分	4				
12		// 0.05 A	超差不得分	3				
13		⊥ 0.05 A（3处）	超差不得分	3				
14		表面粗糙度 Ra3.2mm（12处）	超差不得分	6				
15	孔	M10	超差不得分	3				
16		（42±0.5）mm	超差不得分	2				
17	职业素养	去毛刺	未去除不得分	5				
18		遵守纪律	有违反视情节扣1~5分	5				
19		迟到、早退	有迟到、早退现象扣5分	5				
20	安全	安全文明生产	违规倒扣10分					
完成任务结论性评价		教学评价	□优秀　□良好　□一般　□及格　□不及格					
		教师评价	□合格			□不合格		

项目 4 职业技能鉴定钳工中级试卷分析

钳工职业技能鉴定考试分为理论知识考试和操作技能考核两部分。理论知识考试采用书面闭卷笔答、统一评分的方式，技能操作考核采取现场实际操作方式。理论知识考试和操作技能考核均实行百分制，成绩皆达 60 分及以上者为合格。理论知识考试时间为 90~120min；操作技能考核时间不少于 180min。操作技能考核主要采取实际操作钳工相关工具加工指定零件的方式，对从业人员在实际操作过程中操作的正确性、规范性、安全性以及加工零件的精度、表面粗糙度等方面进行综合考核。

本项目按照钳工中级的考核大纲要求，编写两套职业技能模拟试卷，使读者对职业技能鉴定有所了解。本试卷难度与国家职业技能考核试题相当，达到职业技能鉴定钳工中级工水平。

项目目标

1. 了解钳工中级考试要求。
2. 具备零件的工艺设计能力。
3. 具备零件的加工能力。
4. 树立安全文明生产、安全操作的良好习惯。

大国工匠——
高铁研磨师
宁允展

中级钳工操作技能模拟考核试卷（一）分析

一、准备清单

1. 材料准备（见表 4-1）

表 4-1 材料准备

序号	材料名称	规格	数量	备注
1	Q235	41mm×21mm×8mm	1	见图 4-1
2	Q235	71mm×61mm×8mm	1	见图 4-2

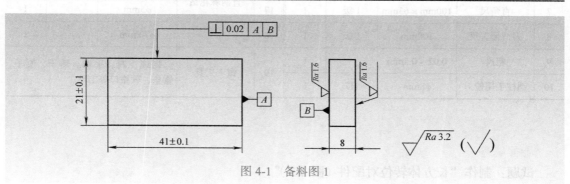

图 4-1 备料图 1

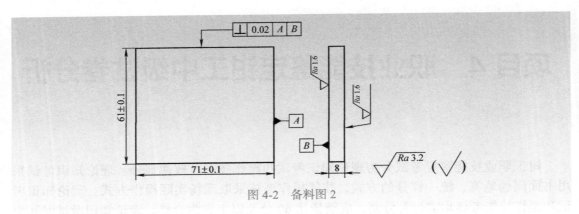

图 4-2　备料图 2

2. 设备准备（见表 4-2）

表 4-2　设备准备

序号	名称	规格	序号	名称	规格
1	台式钻床	Z4012	5	划线平台	2000mm×1500mm
2	机用虎钳	160mm	6	砂轮机	S3SL—250
3	台虎钳	125mm	7	方箱	205mm×205mm×205mm
4	钳工台	3000mm×2000mm			

3. 工、刃、量具准备（见表 4-3）

表 4-3　工、刃、量具准备

序号	名称	规格	精度（分度值）	数量	序号	名称	规格	精度（分度值）	数量
1	游标高度卡尺	0～300mm	0.02mm	1	11		300mm	2 号	1
2	游标卡尺	0～150mm	0.02mm	1	12	扁锉	200mm	3 号	1
3		0～25mm	0.01mm	1	13		150mm	3 号	1
4	外径千分尺	25～50mm	0.01mm	1	14	圆柱销	$\phi10×20mm$	h6	5
5		50～75mm	0.01mm	1	15	整形锉			1 套
6	游标万能角度尺	0°～320°	2′	1	16		$\phi3mm$		1
7	直角尺	100mm×63mm	1 级	1	17	直柄麻花钻	$\phi5mm$		1
8	刀口形直尺	100mm	1 级	1	18		$\phi7.8mm$		1
9	塞尺	0.02～0.5mm		1	19	钳工工具	划线工具、手锯、锤子、錾子、锯条、软钳口等工具		
10	圆柱手用铰刀	$\phi8mm$	H7	1					

二、试题

考件编号：　　　姓名：　　　准考证号：　　　单位：

试题：制作"长方体转位对配件（图 4-3）"

考核要求：

1. 本题分值：100分

2. 考核时间：240min

3. 具体考核要求

（1）尺寸公差　锉削IT8，钻孔IT12，铰孔IT7。

（2）几何公差　锉削平面度IT8，锉削垂直度IT8，锉削对称度IT8，锉削平行度IT8，铰孔对称度IT8。

（3）表面粗糙度　锉削$Ra1.6\mu m$，钻孔$Ra6.3\mu m$，铰孔$Ra1.6\mu m$（用表面粗糙度样板目测比较）。

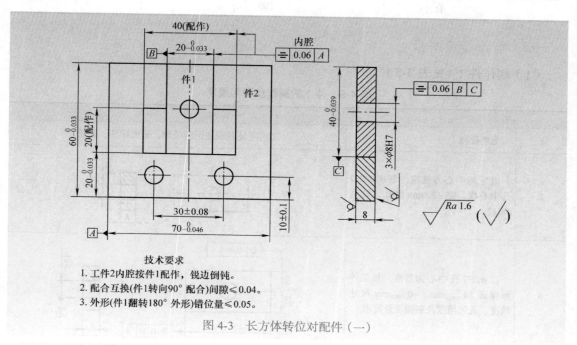

技术要求

1. 工件2内腔按件1配作，锐边倒钝。

2. 配合互换(件1转向90°配合)间隙≤0.04。

3. 外形(件1翻转180°外形)错位量≤0.05。

图4-3　长方体转位对配件（一）

三、评分标准（见表4-4）

考件编号：　　　　姓名：　　　　准考证号：　　　　单位：

表4-4　评分标准

序号	考核内容	考核要求	配分	评分标准	扣分	得分
1	锉削	$20_{-0.033}^{0}$mm	8	超差不得分		
2		$40_{-0.039}^{0}$mm	5	超差不得分		
3		$60_{-0.033}^{0}$mm	4	超差不得分		
4		$70_{-0.046}^{0}$mm	4	超差不得分		
5		≡ 0.06 A	4	超差不得分		
6		配合互换间隙≤0.04 mm	24	超差不得分		
7		外形错位量≤0.05 mm	5	超差不得分		
8		表面粗糙度$Ra1.6\mu m$	10	升高一级不得分		

（续）

序号	考核内容	考核要求	配分	评分标准	扣分	得分
9	铰孔	$3 \times \phi 8H7$	6	超差不得分		
10		(10 ± 0.1) mm	4	超差不得分		
11		(30 ± 0.08) mm	6	超差不得分		
12		⊟ 0.06 B C	4	超差不得分		
13		表面粗糙度 $Ra1.6\mu m$	6	升高一级不得分		
14	安全文明生产	遵守操作规范和考场纪律	10	违者不得分		
合计			100			

四、制作要点解析

（1）制作件1（见表4-5）

表4-5 件1的制作步骤与要求

序号	加工内容	加工要求
1	毛坯处理	工件毛坯各锐边倒钝处理，表面除油、除锈
2	以毛坯中心为基准，划出$\phi 8H7$孔中心线，钻$\phi 7.8$mm底孔，铰至$\phi 8H7$	
3	以$\phi 8H7$孔中心为基准，加工外形保证$20_{-0.033}^{0}$mm、$40_{-0.039}^{0}$mm尺寸精度、几何精度及表面质量要求	
4	复检各尺寸，去毛刺，锐边倒钝处理	

（2）制作件2（见表4-6）

表4-6 件2的制作步骤与要求

序号	加工内容	加工要求
1	毛坯处理	工件毛坯各锐边倒钝处理，表面除油、除锈
2	以基准面B、C为基准，加工外形，保证$60_{-0.033}^{0}$mm、$70_{-0.046}^{0}$mm尺寸精度、几何精度及表面质量要求	

（续）

序号	加工内容	加工要求
3	以基准面 C 为基准，划出内腔加工界线及 2×φ8H7 孔轴线	
4	钻 2×φ7.8mm 底孔，铰至 φ8H7，保证孔距尺寸（10±0.1）mm、（30±0.08）mm	
5	钻 2×φ12mm 排料工艺孔，锯除内腔多余材料	
6	以件 1 为基准，配作件 2 内腔	
7	复检各尺寸，去毛刺，锐边倒钝处理	

（3）修配配合间隙 按表 4-7 所示要求修配配合间隙，保证配合互换（件 1 转向 90° 配合）间隙 ≤ 0.04mm，外形（件 2 翻转 180° 外形）错位量 ≤ 0.05mm。

表 4-7　修配配合间隙的步骤与要求

序号	加工内容	加工要求
1	根据图样要求，修配配合面间隙，保证配合互换（件 1 转向 90° 配合）间隙 ≤ 0.04mm，外形（件 1 翻转 180° 外形）错位量 ≤ 0.05mm	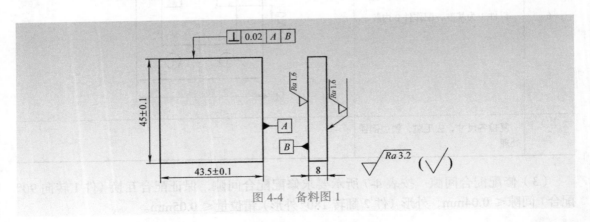
2	复检各配合面间隙、配合尺寸	

中级钳工操作技能模拟考核试卷（二）分析

一、准备清单

1. 材料准备（见表 4-8）

表 4-8　材料准备

序号	材料名称	规格	数量	备注
1	Q235	45mm × 43.5mm × 8mm	1	见图 4-4
2	Q235	41mm × 65mm × 8mm	1	见图 4-5

图 4-4　备料图 1

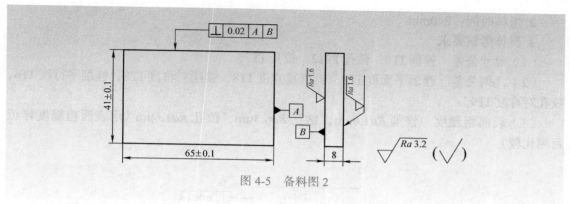

图 4-5 备料图 2

2. 设备准备（见表 4-9）

表 4-9 设备准备

序号	名称	规格	序号	名称	规格
1	台式钻床	Z4012	5	划线平台	2000mm × 1500mm
2	机用虎钳	160mm	6	砂轮机	S3SL—250
3	台虎钳	125mm	7	方箱	205mm × 205mm × 205mm
4	钳工台	3000mm × 2000mm			

3. 工、刃、量具准备（见表 4-10）

表 4-10 工、刃、量具准备

序号	名称	规格	精度（分度值）	数量	序号	名称	规格	精度（分度值）	数量
1	游标高度卡尺	0～300mm	0.02mm	1	11		300mm	2 号	1
2	游标卡尺	0～150mm	0.02mm	1	12	扁锉	200mm	3 号	1
3		0～25mm	0.01mm	1	13		150mm	3 号	1
4	外径千分尺	25～50mm	0.01mm	1	14	圆柱销	$\phi10 \times 20$mm	h6	5
5		50～75mm	0.01mm	1	15	整形锉			1 套
6	游标万能角度尺	0°～320°	2′	1	16		$\phi2$mm		1
7	直角尺	100mm × 63mm	1 级	1	17	直柄麻花钻	$\phi5$mm		1
8	刀口形直尺	100mm	1 级	1	18		$\phi7.8$mm		1
9	塞尺	0.02~0.5mm		1	19	钳工工具	划线工具、手锯、锤子、錾子、锯条、软钳口等工具		
10	圆柱手用铰刀	$\phi8$mm	H7	1					

二、试题

考件编号：   姓名：   准考证号：   单位：

试题：制作"长方体转位对配件（图 4-6）"

考核要求：

1. 本题分值：100 分

2. 考核时间：240min

3. 具体考核要求

（1）尺寸公差　锉削 IT8，钻孔 IT12，铰孔 IT7。

（2）几何公差　锉削平面度 IT8，锉削垂直度 IT8，锉削对称度 IT8，锉削平行度 IT8，铰孔对称度 IT9。

（3）表面粗糙度　锉削 $Ra1.6\mu m$，钻孔 $Ra6.3\mu m$，铰孔 $Ra1.6\mu m$（用表面粗糙度样板目测比较）。

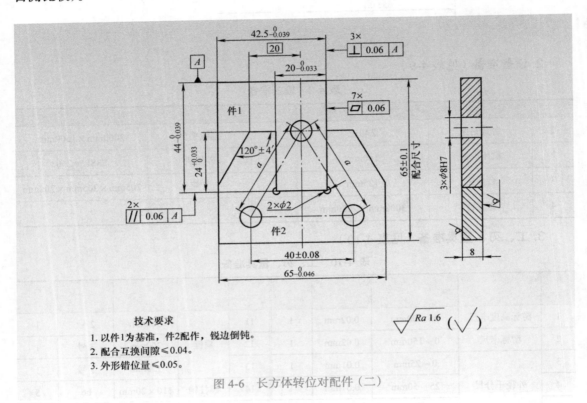

技术要求

1. 以件1为基准，件2配作，锐边倒钝。
2. 配合互换间隙≤0.04。
3. 外形错位量≤0.05。

图 4-6　长方体转位对配件（二）

三、评分标准（见表 4-11）

考件编号：　　　　姓名：　　　　准考证号：　　　　单位：

表 4-11　评分标准

序号	考核内容	考核要求	配分	评分标准	扣分	得分
1	锉削	$44_{-0.039}^{0}$mm	3	超差不得分		
2		$42.5_{-0.039}^{0}$mm	3	超差不得分		
3		$20_{-0.033}^{0}$mm	3	超差不得分		
4		$24_{0}^{+0.033}$mm	3	超差不得分		
5		$65_{-0.046}^{0}$mm	3	超差不得分		

（续）

序号	考核内容	考核要求	配分	评分标准	扣分	得分
6	锉削	120°±4′	3	超差不得分		
7		（65 ± 0.1）mm	6	超差不得分		
8		▱ 0.06	7	超差不得分		
9		⊥ 0.06 A	6	超差不得分		
10		∥ 0.06 A	6	超差不得分		
11		配合互换间隙 ≤ 0.04 mm	15	超差不得分		
12		外形错位量 ≤ 0.05 mm	6	超差不得分		
13		表面粗糙度 $Ra1.6\mu m$	8	升高一级不得分		
14	铰孔	$3 \times \phi8H7$	6	超差不得分		
15		（40±0.08）mm	3	超差不得分		
16		a 误差 0.15mm	6	超差不得分		
17		表面粗糙度 $Ra1.6\mu m$	3	升高一级不得分		
18	安全文明生产	遵守操作规范和考场纪律	10	违者不得分		
	合计		100			

四、制作要点解析

（1）制作件 1（见表 4-12）

表 4-12　件 1 的制作步骤与要求

序号	加工内容	加工要求
1	毛坯处理	工件毛坯各锐边倒钝处理，表面除油、除锈
2	以基准面 A、B 为基准，加工外形，保证 $44_{-0.039}^{0}$ mm、$42.5_{-0.039}^{0}$ mm 尺寸精度、几何精度及表面质量要求	

（续）

序号	加工内容	加工要求
3	以基准面 *A* 为基准，划出加工界线及 ϕ8H7 孔中心线	
4	钻 ϕ7.8mm 底孔，铰至 ϕ8H7，保证孔距尺寸精度	
5	钻 ϕ10mm 排料工艺孔，锯除多余材料	
6	以基准面 *A*、*B* 为基准，加工外形面，保证 $24^{+0.033}_{0}$ mm、$20^{0}_{-0.033}$ mm、$120°\pm4'$ 尺寸精度、几何精度及表面质量要求	
7	复检各尺寸，去毛刺，锐边倒钝处理	

（2）制作件2（见表4-13）

表4-13　件2的制作步骤与要求

序号	加工内容	加工要求
1	毛坯处理	工件毛坯各锐边倒钝处理，表面除油、除锈
2	以基准面 A、B 为基准，加工外形，保证 $65_{-0.046}^{0}$mm、$45_{-0.039}^{0}$mm 尺寸精度、几何精度及表面质量要求	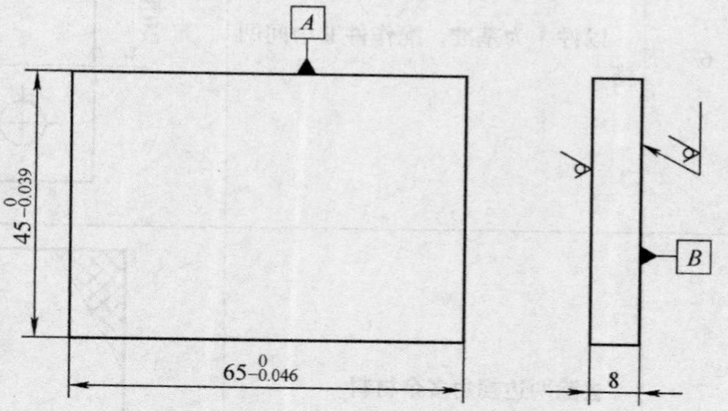
3	以基准面 A 为基准，划出加工界线及 $2\times\phi8H7$ 孔中心线	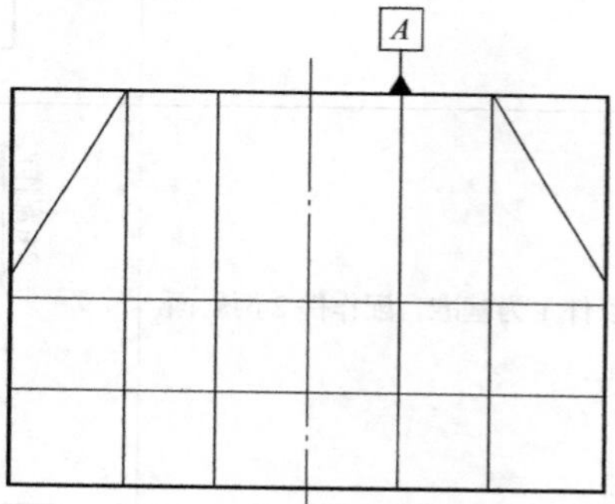
4	钻 $2\times\phi7.8$mm 底孔，铰至 $\phi8H7$，保证孔距尺寸（40 ± 0.08）mm、（34.322 ± 0.08）mm	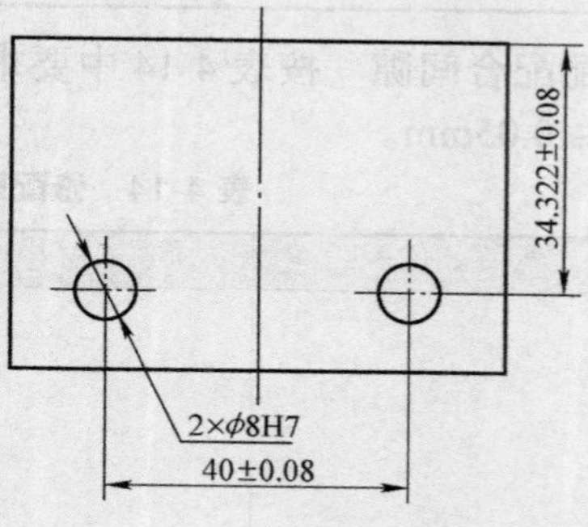
5	钻 $2\times\phi2$mm 工艺孔及 $\phi2$mm 排料工艺孔，去除工件中间多余材料	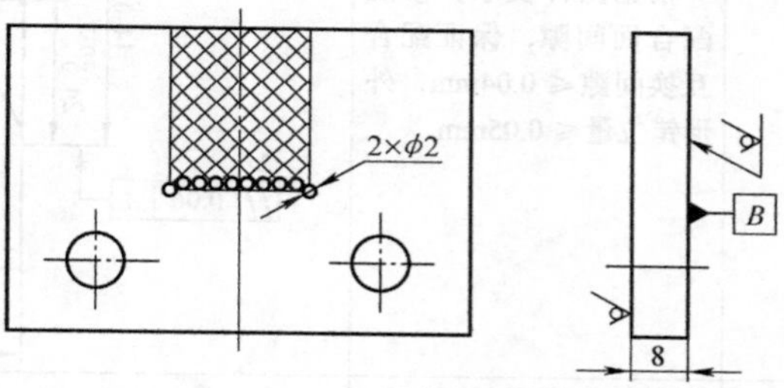

（续）

序号	加工内容	加工要求
6	以件 I 为基准，配作件 II 中间凹槽	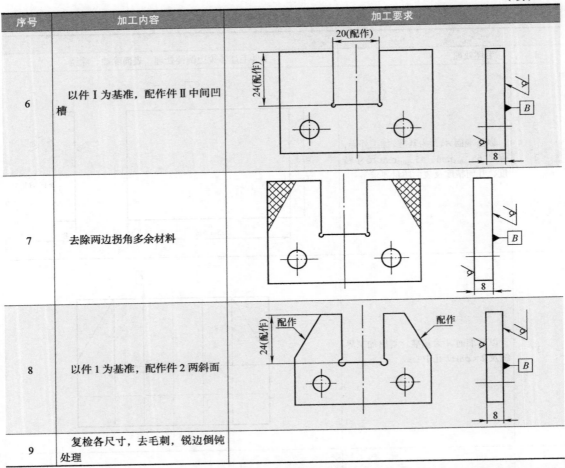
7	去除两边拐角多余材料	
8	以件 1 为基准，配作件 2 两斜面	
9	复检各尺寸，去毛刺，锐边倒钝处理	

（3）修配配合间隙　按表 4-14 中要求修配配合间隙，保证配合互换间隙 ≤ 0.04mm，外形错位量 ≤ 0.05mm。

表 4-14　修配配合间隙的步骤与要求

序号	加工内容	加工要求
1	根据图样要求，修配配合面间隙，保证配合互换间隙 ≤ 0.04mm，外形错位量 ≤ 0.05mm	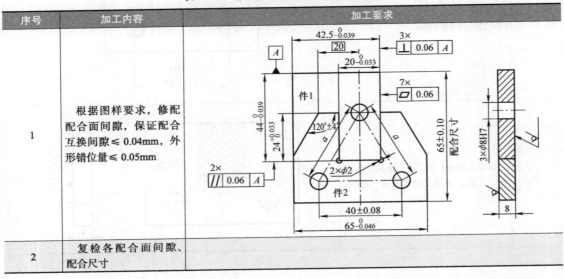
2	复检各配合面间隙、配合尺寸	

项目 5　钳工技能训练题库

钳工技能训练题 1

技能训练要求如图 5-1 所示，评分标准见表 5-1。

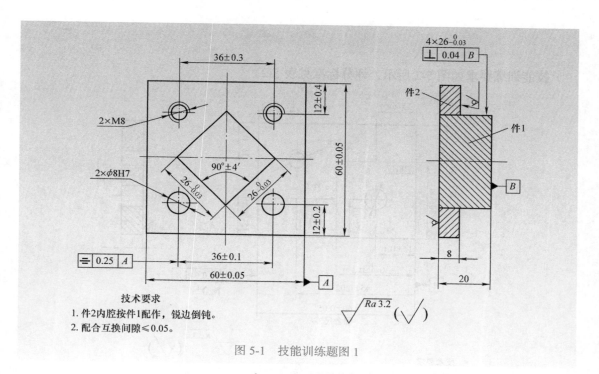

技术要求

1. 件2内腔按件1配作，锐边倒钝。
2. 配合互换间隙≤0.05。

图 5-1　技能训练题图 1

表 5-1　评分标准

序号	考核内容	考核要求	配分	评分标准	扣分	得分
1	锉削	$26_{-0.03}^{0}$ mm（2处）	10	超差不得分		
2		（60±0.05）mm（2处）	10	超差不得分		
3		90°±4′（4处）	15	超差不得分		
4		表面粗糙度 Ra3.2μm（6处）	6	超差不得分		
5		配合互换间隙 ≤ 0.05mm	15	超差不得分		
6	铰孔	2×φ8H7	6	超差不得分		
7		（36±0.1）mm	2	超差不得分		
8		（12±0.2）mm（2处）	4	超差不得分		

（续）

序号	考核内容	考核要求	配分	评分标准	扣分	得分
9	铰孔	$\boxed{=\ 0.25\ \vert\ A}$	5	超差不得分		
10		$2 \times M8$	6	超差不得分		
11		(36 ± 0.3) mm	2	超差不得分		
12		(12 ± 0.4) mm（2处）	4	超差不得分		
13		表面粗糙度 $Ra3.2\mu m$（2处）	5	超差不得分		
14	安全文明生产	遵守操作规范和考场纪律	10	违者不得分		
	合计		100			

钳工技能训练题 2

技能训练要求如图 5-2 所示，评分标准见表 5-2。

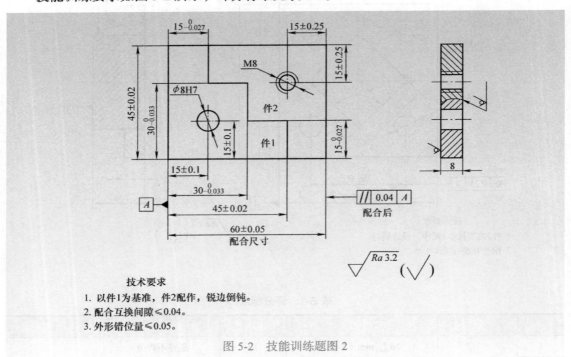

图 5-2 技能训练题图 2

技术要求

1. 以件1为基准，件2配作，锐边倒钝。
2. 配合互换间隙≤0.04。
3. 外形错位量≤0.05。

表 5-2 评分标准

序号	考核内容	考核要求	配分	评分标准	扣分	得分
1	锉削	$15_{-0.027}^{0}$mm（2处）	8	超差不得分		
2		$30_{-0.033}^{0}$mm（2处）	8	超差不得分		
3		(45 ± 0.02) mm（4处）	16	超差不得分		
4		(60 ± 0.05) mm（2处）	8	超差不得分		
5		$\boxed{/\!/\!/\ \vert\ 0.04\ \vert\ A}$（2处）	8	超差不得分		

（续）

序号	考核内容	考核要求	配分	评分标准	扣分	得分
6	锉削	配合互换间隙 ≤ 0.04mm（5 处）	15	超差不得分		
7		外形错位量 ≤ 0.05mm（2 处）	6	超差不得分		
8		表面粗糙度 Ra3.2μm	4	超差不得分		
9	铰孔	ϕ8H7	4	超差不得分		
10		M8	4	超差不得分		
11		（15±0.1）mm（2 处）	4	超差不得分		
12		（15±0.25）mm（2 处）	4	超差不得分		
13		表面粗糙度 Ra3.2μm	1	超差不得分		
14	安全文明生产	遵守操作规范和考场纪律	10	违者不得分		
	合计		100			

钳工技能训练题 3

技能训练要求如图 5-3 所示，评分标准见表 5-3。

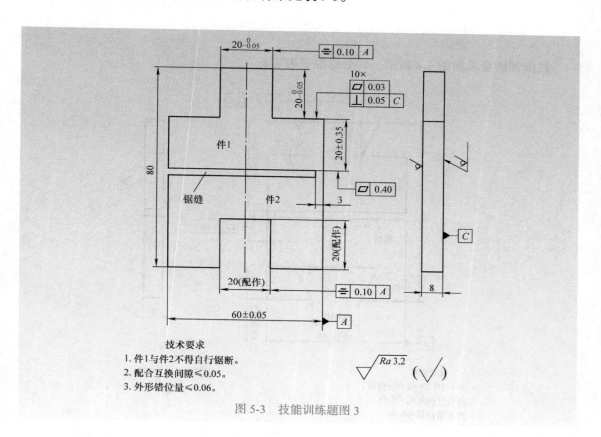

图 5-3　技能训练题图 3

表 5-3 评分标准

序号	考核内容	考核要求	配分	评分标准	扣分	得分
1	锉削	$20_{-0.05}^{0}$mm（3处）	15	超差不得分		
2		（60±0.05）mm（2处）	10	超差不得分		
3		（20±0.35）mm	5	超差不得分		
4		⌰ 0.10 A（2处）	6	超差不得分		
5		▱ 0.03（10处）	10	超差不得分		
6		⟂ 0.05 C（10处）	5	超差不得分		
7		▱ 0.40	1	超差不得分		
8		配合互换间隙 ≤ 0.05mm（5处）	25	超差不得分		
9		外形错位量 ≤ 0.06mm（2处）	10	超差不得分		
10		表面粗糙度 Ra3.2μm	3	超差不得分		
11	安全文明生产	遵守操作规范和考场纪律	10	违者不得分		
	合计		100			

钳工技能训练题 4

技能训练要求如图 5-4 所示，评分标准见表 5-4。

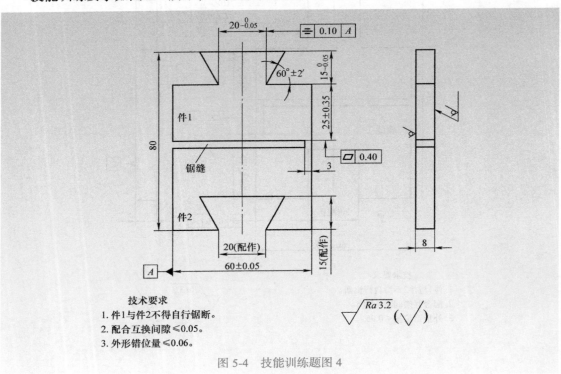

技术要求
1. 件1与件2不得自行锯断。
2. 配合互换间隙 ≤ 0.05。
3. 外形错位量 ≤ 0.06。

图 5-4 技能训练题图 4

表 5-4　评分标准

序号	考核内容	考核要求	配分	评分标准	扣分	得分
1		$20_{-0.05}^{0}$mm	5	超差不得分		
2		$15_{-0.05}^{0}$mm（2 处）	10	超差不得分		
3		60°±2′（2 处）	10	超差不得分		
4		（60±0.05）mm（2 处）	10	超差不得分		
5	锉削	（25±0.35）mm	6	超差不得分		
6		$\boxed{=}$ 0.10 $\boxed{A}$	6	超差不得分		
7		$\boxed{\square}$ 0.40	5	超差不得分		
8		配合互换间隙≤0.05mm（5 处）	25	超差不得分		
9		外形错位量≤0.06mm（2 处）	10	超差不得分		
10		表面粗糙度 Ra3.2μm	3	超差不得分		
11	安全文明生产	遵守操作规范和考场纪律	10	违者不得分		
	合计		100			

钳工技能训练题 5

技能训练要求如图 5-5 所示，评分标准见表 5-5。

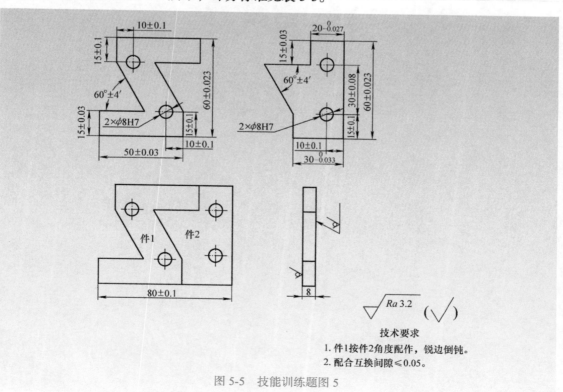

技术要求

1. 件1按件2角度配作，锐边倒钝。
2. 配合互换间隙≤0.05。

图 5-5　技能训练题图 5

表 5-5 评分标准

序号	考核内容	考核要求	配分	评分标准	扣分	得分
1		（60 ± 0.023）mm（2 处）	6	超差不得分		
2		（50 ± 0.03）mm（2 处）	6	超差不得分		
3		$30_{-0.033}^{0}$mm	3	超差不得分		
4		$20_{-0.027}^{0}$mm	3	超差不得分		
5	锉削	（15 ± 0.03）mm（3 处）	9	超差不得分		
6		（80 ± 0.1）mm	3	超差不得分		
7		60° ± 4′（2 处）	12	超差不得分		
8		配合互换间隙 ≤ 0.05mm（8 处）	24	超差不得分		
9		表面粗糙度 Ra3.2μm	4	超差不得分		
10		2 × ϕ8H7（2 处）	8	超差不得分		
11		（30 ± 0.08）mm	3	超差不得分		
12	铰孔	（15 ± 0.1）mm（3 处）	3	超差不得分		
13		（10 ± 0.1）mm（4 处）	4	超差不得分		
14		表面粗糙度 Ra3.2μm（4 处）	2	超差不得分		
15	安全文明生产	遵守操作规范和考场纪律	10	违者不得分		
	合计		100			

参考文献

［1］张利人.钳工技能实训［M］.北京：人民邮电出版社，2011.

［2］南京市职业教育教学研究室.钳工基本技能项目教程［M］.北京：机械工业出版社，2007.

［3］王猛，崔陵.机械常识与钳工实训［M］.北京：高等教育出版社，2010.

［4］北京市职教成教教材建设领导小组办公室.钳工技能训练［M］.北京：高等教育出版社，2005.

［5］闻健萍.金属加工与实训：钳工实训［M］.北京：高等教育出版社，2010.

［6］王兵.钳工技能图解［M］.北京：电子工业出版社，2012.

［7］陈冲锋.数控车床编程与实训项目教程［M］.北京：化学工业出版社，2015.

钳工技能训练项目教程二维码

名称	图形	名称	图形
1-1 钻头的安装及钻孔		2-5 手锯常用握持方法	
1-2 游标卡尺的结构和规格		2-6 锯削姿势	
1-3 外径千分尺的结构和规格		2-7 起锯方式	
1-4 游标万能角度尺的种类及使用		2-8 锯削操作要领	
2-1 划线工具		2-9 锯削时常见错误操作举例	
2-2 打样冲眼		2-10 扁钢、条料、薄板、深缝的锯削实例	
2-3 划线方法		2-11 锉刀的握法	
2-4 手锯构造及锯条的安装		2-12 锉削的姿势	

名称	图形	名称	图形
2-13　顺向锉法		2-21　麻花钻的修磨方法	
2-14　交叉锉法		2-22　钻孔及扩孔	
2-15　推锉法		2-23　丝锥和铰杠攻螺纹	
2-16　顺锉法锉削圆弧面		1. 大国工匠——"两丝"钳工顾秋亮	
2-17　检验锉削表面平面度		2. 大国工匠——航空"手艺人"胡双钱	
2-18　锉削质量分析		3. 大国工匠——深海钳工管延安	
2-19　麻花钻的钻削特点		4. 大国工匠——高铁研磨师宁允展	
2-20　铰刀的切削特点			